山楂优质高效栽培技术

赵春磊 冉昆 路洪贵 盛升 等 著

中国农业科学技术出版社

图书在版编目（CIP）数据

山楂优质高效栽培技术 / 赵春磊等著. -- 北京：中国农业科学技术出版社，2025.5. -- ISBN 978-7-5116-7367-1

Ⅰ. S661.5

中国国家版本馆CIP数据核字第2025B5A774号

责任编辑	李　华
责任校对	李向荣
责任印制	姜义伟　王思文

出 版 者	中国农业科学技术出版社
	北京市中关村南大街12号　邮编：100081
电　　话	（010）82109708（编辑室）　（010）82106624（发行部）
	（010）82109709（读者服务部）
网　　址	https://castp.caas.cn
经 销 者	各地新华书店
印 刷 者	北京地大彩印有限公司
开　　本	170 mm×240 mm　1/16
印　　张	15
字　　数	253千字
版　　次	2025年5月第1版　2025年5月第1次印刷
定　　价	68.00元

版权所有·侵权必究

《山楂优质高效栽培技术》

著者名单

主　著： 赵春磊　冉　昆　路洪贵　盛　升
副主著： 王宏伟　张玮玮　董肖昌　孔令广　王瑞雪
著　者：（以姓氏笔画为序）

于涵涵　于婷娟　王　珺　王宏伟　王宝广
王瑞雪　孔令广　冉　昆　付德刚　刘　红
刘英军　关秋竹　许以太　李　乐　李　怡
汪晓红　张玮玮　陈启明　赵春磊　徐超然
高　晴　盛　升　董　冉　董肖昌　韩冠荚
焦慧君　路洪贵　窦　宵　魏树伟

前　言

PREFACE

　　山楂（*Crataegus* L.）属于蔷薇科苹果亚科山楂属落叶灌木或小乔木，广泛分布于亚洲、欧洲、中北美洲及南美洲的北部。山楂果实富含黄酮类、三萜类、有机酸类、多糖类、原花青素和膳食纤维等营养成分，具有很高的营养价值，是药食同源的著名果品，广泛应用于鲜食、加工和入药，并且集生态功能、景观观赏、文化意蕴、经济实用于一体，可作庭荫树、园林树及绿篱栽培，是一种很好的山区经济树种。我国是山楂属植物的起源中心之一，栽培历史悠久，有2 000余年的栽培历史，黄河中下游和环渤海地区是最早的栽培中心。我国山楂种质资源丰富，有18个种1个变种，其中大果山楂（*Crataegus pinnatifida* Bge. var. *major*）是我国特有的变种之一，也是我国北方山楂产区的主要栽培种。山楂产业对促进我国山区农村经济发展、增加农民收入发挥了重要作用，在大健康产业领域发展前景广阔。

　　针对当前山楂产业快速发展的新形势和果农对新品种、新技术的迫切需要，山东省林业保护和发展服务中心组织撰写了《山楂优质高效栽培技术》一书，内容涵盖产业概况、苗木繁育、标准化建园、肥水管理、花果管理、整形修剪、病虫害防控、采收与加工等各个环节，既可作为基层技术人员和果农生产管理的技术用书，也可供科研、教学和管理部门参考。相信该书的正式出版，对于推广山楂优质高效栽培技术将发挥重要作用，为果农增收和山楂产业高质量发展提供有力的科技支撑。

　　本书在撰写过程中得到了山东省果树研究所的大力支持，在此表示感谢。由于著者水平有限，书中不妥之处在所难免，敬请读者批评指正。

著　者

2024年12月

目 录
CONTENTS

第一章 概 述 ··· 1
    第一节 山楂产业概况 ··· 1
    第二节 山楂功能成分与综合利用 ································ 11
    第三节 山楂的本草考证 ·· 27
    第四节 山楂地理标志保护现状与发展对策 ···················· 33

第二章 山楂的生物学特性及对环境条件的要求 ··············· 42
    第一节 山楂的生物学特性 ··· 42
    第二节 对环境条件的要求 ··· 49

第三章 山楂种质资源与优良品种 ····································· 53
    第一节 山楂种质资源概况 ··· 53
    第二节 山楂优良品种 ··· 62

第四章 山楂苗木繁育技术 ·· 76
    第一节 砧木苗的培育 ··· 76
    第二节 嫁接苗的培育 ··· 81
    第三节 苗木出圃 ··· 85

第五章 山楂标准化建园技术 ··· 87
    第一节 园地选择与规划 ·· 87
    第二节 苗木栽植 ··· 89

第六章　山楂肥水管理技术 …… 92
第一节　土壤管理 …… 92
第二节　施肥管理 …… 102
第三节　水分管理 …… 116

第七章　山楂花果管理技术 …… 122
第一节　落花落果的原因 …… 122
第二节　保花保果的措施 …… 123

第八章　山楂整形修剪技术 …… 127
第一节　山楂生长结果习性 …… 127
第二节　主要树形及整形修剪技术 …… 129
第三节　山楂树的修剪 …… 141

第九章　山楂病虫害综合防控技术 …… 145
第一节　主要病害 …… 145
第二节　主要虫害 …… 167
第三节　生理性病害 …… 192
第四节　病虫害综合防控技术 …… 197

第十章　山楂果实采收与贮藏加工技术 …… 206
第一节　果实采收与包装 …… 206
第二节　果实贮藏保鲜 …… 208
第三节　山楂加工技术 …… 212

参考文献 …… 223

附录　山楂园周年管理工作历 …… 230

第一章 概　述

第一节　山楂产业概况

20世纪70年代后期至80年代中期，我国山楂产业发展十分迅速，对促进我国农村经济发展、增加农民收入发挥了重要作用。但由于缺乏科学的管理，生产成本较高以及山楂深加工技术没有跟上，致使20世纪90年代中期山楂产业急剧萎缩。近年来，随着人们保健意识的增强，对果品的要求也越来越高，不仅要求色香味俱全，而且要求较高的营养与保健功能。随着山楂深加工技术的发展，以及大众对山楂作为药食同源的认识进一步深入，我国山楂产业正逐步复苏，面临着新的机遇和挑战，新形势下提振山楂产业具有重要的现实意义。

一、我国山楂产业优势区域

（一）确立山楂产业优势区域的基本原则和依据

1. 基本原则

一是以市场为导向的原则。考虑优势区域所在的省内和周边市场，满足多样化、优质化的市场需求。二是发挥比较优势的原则。综合考虑资源条件，包括生产基地、市场环节以及资金、技术等因素，同时充分利用现有的生产技术和先进的科技成果，发展具有竞争力的产品。三是产业整体开发的原则。立足于开发整个产业，打造名牌产品，构建优势产业群体。四是以优质取胜的原则。优化品种和品质结构，提高产品的分级、包装、贮运、保鲜和加工水平，提高山楂产品的质量安全水平。五是尊重果农意愿的原则。切实尊重和保障果农的市场主体地位，充分发挥地方、企业和果农的积极性。

2. 主要依据

一是生态适宜。优势区域应是山楂生产的生态条件优生区。二是集中连片。生产地域应集中连片，具有较大的整体规模，形成栽培、加工利用、产品销售一体化产业链，在市场上占有较高的份额。三是区位优势。山楂生产基地流通渠道畅通、交通便捷、加工业发达、物资充裕。

（二）我国山楂产业优势区域布局

我国山楂栽培优势区域主要包括辽宁中北部、冀东北、鲁中南、晋东南和豫西北5个优势区。

1. 辽宁中北部优势区

主要包括辽宁的铁岭、抚顺、沈阳、辽阳、本溪、鞍山、丹东等地。该区域1月平均气温为-15~-5℃，7月平均气温24℃左右，年降水量700~1 000mm，年平均日照时数2 500~2 900h，无霜期120~200d，土壤为棕色森林土。主要有辽红、西丰红、秋金星、磨盘山楂等抗寒性强、加工性能优良的品种。

2. 冀东北优势区

主要包括位于冀东北山区的隆化、滦平、承德、兴隆、青龙、遵化等地。该区域1月平均气温-16~-3℃，7月平均气温20~27℃，年降水量700mm以上，年平均日照时数2 700~2 900h，无霜期135~220d，土壤为山地褐土。主要有兴隆紫肉、雾灵红、金星等品种。

3. 鲁中南优势区

主要包括位于鲁中南山区的潍坊、济南、泰安、临沂等地。该区域1月平均气温-4~-1℃，7月平均气温24~28℃，年降水量600~900mm，年平均日照时数2 400~2 700h，无霜期180~220d，土壤为棕土。山东栽培山楂的历史悠久，主要品种有大金星、大绵球、大五棱、玉甘红、敞口等；并向外地输送栽培品种，如山西主栽品种泽州红、河南主栽品种豫北红就引自山东。

4. 晋东南优势区

主要包括位于太行山南段西麓和北麓的泽州、安泽、古县、绛县、闻喜、垣曲等地。该区域1月平均气温-2℃左右，7月平均气温26℃，年降水量550mm以上，年平均日照时数2 350h以上，无霜期190~250d，土壤为山地褐土。主要品种有泽州红、艳果红、晋甜红等。

5.豫西北优势区

主要包括位于太行山东麓和南麓的林州、新乡、辉县、焦作、济源等地。该区域1月平均气温-2~2℃，7月平均气温26~28℃，年降水量700mm以上，年平均日照时数1 800~2 400h，无霜期190~250d，土壤为棕色森林土。主要品种有豫北红等（董文轩，2015）。

二、我国山楂产业概况

我国作为生产栽培的山楂主要有大果山楂和云南山楂2个种。根据地理位置、气候、品种特性和栽培管理情况，将山楂栽培主产区划分为北方山楂和云南山楂两大产区。北方山楂产区的山楂品种资源丰富，果品质量优良。目前，全国北方山楂栽培面积8.67万hm^2，年产量超150万t，主要集中在山东、京津冀、山西、辽宁、河南等地。

（一）山东

山东作为我国北方重要的山楂产区，其面积和产量在全国占有重要地位。平邑、临朐于20世纪80年代入选农业部7个全国山楂基地县。1957年山东山楂产量2.4万t左右，20世纪60年代至70年代中期处于低谷，70年代末受价格影响栽植面积不断增加，到1987年产量6.1万t，居全国首位（占全国总产量的41.5%）；1993年面积至10万hm^2，产量37.9万t，但随后急剧减少，直至近年来面积、产量逐渐稳定增长。据统计，2021年山东山楂面积1.86万hm^2，产量32.2万t，主要分布在平邑、费县、青州、临朐、新泰、沂水、博山、莱芜、邹城等地。山东山楂栽培历史悠久，品种资源丰富，果实有红色、橙色和黄色3种类型，综合品质好，主栽品种有大金星、敞口、大绵球、大五棱、歪把红、玉甘红、金如意等。该产区适用的砧木资源主要是山楂和楔叶山楂。

主要包括4个优势产区，一是沂蒙山丘产区，主要分布在蒙山、沂山南麓，以平邑、费县、沂水等地为主。主栽品种有歪把红、大绵球、大金星等，产量占全省的35%左右；二是沂鲁山地产区，分布于鲁山以东、沂山北麓的青州、临朐、博山、沂源等地，栽培历史较久。品种以敞口山楂为主，所成楂片被誉为"桃花片"，是中药材的上乘原料，产量占全省的35%左右；三是泰徂山丘产区，集中分布于泰山周围的泰安、莱芜、历城、长清、章丘等地，主栽品种为大金星、大货、行货，产量占全省的20%左右；四是鲁南丘陵产区，包括邹城、滕州和山亭，主栽品种为笨山楂、大山楂红子、滑皮红子等，产量占全省的5%左右。

1. 费县山楂

费县山楂栽培历史悠久，明清时期已是当地重要的果树之一。始建于明朝万历年间的费县马庄镇红果峪村，即因盛产山楂而得名。费县山楂以个大、色艳、果肉细密、酸甜适中、营养丰富而享誉全国，素有"费县山楂佳天下，天下山楂佳费县"的赞誉，获评"中国绿色生态山楂之乡"称号。截至2021年，费县山楂栽培面积10.5万亩①，产量12.6万t，产值近3亿元。以北部、西南部沙石山区栽植为多，主要分布在东蒙镇、大田庄乡、朱田镇、费城街道、梁邱镇等，多栽植于15°~25°的山坡丘陵。主栽品种有大金星、大绵球、大五棱、歪把红、甜红子、金如意等，尤其是早熟黄色山楂新品种金如意发展较快。

费县山楂获2021年度全国名特优新农产品；东蒙镇入选第十批全国"一村一品"示范镇和2022年全国乡村特色产业超十亿元镇（山楂）；费县山楂2022年果品区域公用品牌价值13.49亿元（山楂第一品牌）；费县山楂农产品地理标志通过国家知识产权局登记；金如意山楂被国家林草局在国际植物新品种保护联盟平台上向全球推介。

2. 平邑山楂

据《临沂果茶会》记载，平邑县天宝山山楂从清朝康熙年间就有种植，以树势强健、品质优良、果实个大、色泽鲜艳、耐贮藏、适于加工而驰名中外。2022年栽培面积12.09万亩，主栽品种有歪把红、大五棱、大金星、大绵球等。平邑县地方镇年加工各类罐头90万t，占全国总产量的1/3，

---

① 1亩≈667m²，1hm²=15亩，全书同。

素有"中国罐头第一镇"之称。2010年,天宝山山楂获全国农产品地理标志。天宝山山楂的登记地域保护范围为平邑县地方镇境内,地理坐标为东经117°44′~117°53′,北纬35°18′~35°23′,地域保护面积7 000hm², 行政区划内包括平邑县地方镇境内赵家庄、辛庄、两泉、范家台、闸口、罗圈崖、兴和居、九间棚、甘草峪、新华、三山、康家庄、王家庄、宝山庄、上碳沟、下碳沟、青羊庄等22个行政村,总种植面积3 000hm²。山东平邑金银花—林果复合生态系统2022年12月入选山东省首批农业文化遗产资源名录;2023年9月入选第七批中国重要农业文化遗产名单。

3. 青州山楂

青州山楂已有500余年栽培历史,以敞口山楂为主,肉质糯硬、味酸甜、清酸爽口、风味甚佳、品质至上,既可鲜食又适于加工,所成楂片被誉为"桃花片",被评为国家地理标志保护产品。青州是全国最大的山楂鲜果交易集散地,山楂种植面积3.75万亩,主要分布在王坟、邵庄、庙子等山区镇及黄楼街道、何官镇等,年产鲜果5.8万t。2022年12月,山东青州敞口山楂种植系统入选山东省首批农业文化遗产资源名录。

王坟镇是著名的干鲜果品生产基地,是享有盛誉的"青州山楂饼"主产地。目前全镇发展通过QS认证的果品加工企业134家,主要分布在涝洼村以南、义里村以东,山楂制品已形成五大类20多个系列品种,年产山楂系列制品20万t,占全国山楂制品市场份额的70%以上,占国际市场份额的30%左右,是全国最大的山楂加工基地,被誉为"中国山楂制品第一镇"。2008年,青州市王坟镇果品加工基地被农业部评为全国农产品加工业示范基地。2016年,王坟镇入选第六批全国一村一品示范村镇(青州山楂)。2023年,王坟镇(山楂)获首批国家农业产业强镇认定。

4. 临朐山楂

临朐县寺头镇素有"红果小镇"的美誉,全镇共有山楂种植面积4.5万亩,其中标准化、规模化绿色种植基地5 000亩,年产山楂9万t,山楂深加工市级农业龙头企业4家,年产山楂制品3万t,年产值突破5亿元,形成以山楂种植为基础、农产品深加工为核心的发展格局。

寺头山楂是潍坊知名农产品区域公用品牌,2011年获地理标志证明商标,临朐县相亮山楂专业合作社获得全国农民专业合作社示范社称号,寺头镇先后荣获"全国农业产业强镇"等称号。2022年，寺头镇被评为"中国淘宝镇"，积极发展线上、线下多种模式销售，网上销售额突破5 000万元。通过举办山楂文化艺术节，发展采摘、观光、体验、休闲等业态，实现一二三产深度融合发展。加强与济南金晔食品有限公司、山西维之王食品有限公司等行业领军企业合作，不断提升山楂转化率，2022年，年消耗山楂约5万t，就地转化率达55.6%。2014年，临朐三山峪大山楂获全国农产品地理标志。2019年12月，临朐山楂特色农产品优势区入选第二批山东省特色农产品优势区。

5. 新泰山楂

2020年，新泰山楂种植面积3.62万亩，产量8 563.7t，销售收入1.2亿元，各类贮存、销售业户达50多家；主要栽植区域为刘杜镇18 000亩、岳家庄乡6 000亩、东都镇3 000亩、新汶街道1 790亩，以玉甘红（甜红子）为主。通过建设高标准山楂示范园，进行科学化、规范化、精细化管理，提升产品品质。加快推进山楂深加工建设，采用现代化自动机械设备，生产山楂果酒、山楂醋饮、山楂白兰地等产品，拉长山楂产业链，推动一二三产融合发展。

刘杜镇2021年入选第十一批全国"一村一品"示范村镇。"玉甘红"山楂通过国家地理标志产品认证、国家级生态原产地产品保护认定、省级林木良种审定。打造品牌特色，提炼出"小一号、红两度、甜三分"的品牌价值点及"新泰甜山楂·甘为天下鲜"的品牌定位，"新泰甜山楂"成为新泰第一个区域公用品牌。

6. 邹城山楂

邹城香城镇以生产优质山楂著称，品种以当地晚熟耐贮藏的笨山楂为主，拥有4万多亩的山楂林果基地，年加工能力达100多万千克，逐步实现山楂生产、加工、销售一条龙的产业链。生产的山楂片、山楂罐头、山楂汽酒、果丹皮等产品远销国内10几个省（市），"宝莲牌"山楂饼曾获山东省优质产品称号。香城山楂取得地理标志证明商标认证。

7. 博山山楂

博山山楂种植区域位于博山区西南部，邻鲁山山脉，包括池上镇、博山镇、源泉镇、石马镇。2010年博山山楂通过有机产品认证；2012年，经国家工商总局商标局认定，"博山山楂"获国家地理标志证明商标。2012年3月成立博山区山楂产业协会；2019年发布《博山山楂生产技术规程》（T/BSSZ 001—2019）。

（二）京津冀

北京地区现有山楂栽培面积0.2万hm^2，主要分布在平谷、密云、延庆等地，主栽品种有京短1号、寒露红、大绵球等。

天津的山楂栽培主要集中在蓟州区，分布在官庄乡、罗庄子镇和下营镇。蓟州区山楂栽培历史悠久，有几百年的历史，1986年被农业部列为全国7个山楂基地县之一，现有山楂栽培面积866.67hm^2，年产量1.25万t，其经济价值在全区干鲜果品中位居前列。

河北山楂栽培主要集中在承德兴隆县和邢台清河县。兴隆县目前是我国县级山楂栽培面积和产量的第一大县，被国家林业和草原局授予"中国山楂之乡"，是农业农村部与国家林业和草原局联合确定的"山楂生产基地"。兴隆县山楂主栽品种有金星、雾灵红、秋金星、大五棱等，果肉质地硬，维生素C含量高，耐贮藏，适宜加工和鲜食。2019年栽培面积约2万hm^2，年产山楂22万t，产值达3.6亿元，占其农业总产值的36%，年加工山楂能力达到20万t，实现产值7.1亿元。清河县种植山楂历史有100多年，"清河山楂"于2018年被国家知识产权局认定为"国家地理标志证明商标"。清河县山楂栽培面积0.13万hm^2，是我国平原地区种植面积最大的山楂基地，主栽品种有大金星、大五棱、大绵球等。清河县马屯乡是河北主要山楂种植基地之一，被中国优质农产品开发服务协会授予"中国山楂之乡"，被农业农村部授予"无公害山楂基地"，年产山楂7.5万余t，年销售额近1.5亿元。

（三）山西

山西山楂种植历史悠久，主要集中在太原以南地区，该区域山楂种质资源丰富，果实有黄色和红色两类，品质较好，但果实成熟期气温偏高，多数品种肉质松软，不耐贮藏。山西山楂产区主要在晋中、临汾、运城、晋城中南部地区。其中运城绛县山楂种植遍布全县10个乡镇，绛县地处中条山西北麓，属黄土高原区，土层较厚、肥沃，属暖温带、中温带大陆性季风气候，日照充足，年降水量630mm，年平均气温11.4℃，无霜期190d，海拔高，昼夜温差大，是山楂生产的黄金带。早在1986年，绛县就被农业部确定为全国七大山楂基地县之一。截至2019年底，绛县山楂栽培面积达6 667hm²，年产山楂10万t，产值2亿元。主栽品种有本地的粉口、艳果红，也有从全国各地引入的大金星、大绵球、大五棱、歪把红、敞口等品种，目前山楂已成为绛县乡村振兴的支柱产业。

（四）辽宁

辽宁山楂栽培历史有几百年，主要分布在山区和丘陵地带，包括辽北地区的沈阳和铁岭，辽东地区的抚顺、本溪，辽西地区的朝阳和葫芦岛，辽宁中部地区的辽阳和鞍山。基于地理环境的特殊性，辽宁地区的山楂品种具有抗寒和生育期短的特点，果实以红色为主，果肉质地紧实，营养价值高，耐贮藏。据统计，2019年辽宁山楂栽培面积0.85万hm²，产量4.5万t，主栽品种有西丰红、磨盘、秋金星等。

（五）河南

河南的山楂栽培主要集中在河南中部及北部地区，该地区山楂种质资源丰富，果实颜色主要有黄色和红色，品质好，黄酮含量高，风味独特，主栽品种为豫北红。其中新乡辉县山楂是我国五大山楂产地之一，由于受太行山脉走向和海拔影响，季风作用较为明显，四季分明，气候适宜山楂的生长。2010年4月，农业部批准对"辉县山楂"实施农产品地理标志登记保护。2018年，辉县山楂栽培面积733hm²，年总产量达15万t，是当地的支柱产业。

三、我国山楂产业存在的主要问题

（一）品种老化，结构失衡

我国山楂品种的选育主要集中在20世纪70—80年代，当时的山楂育种工作者选育了一批优良品种，选育的品种以加工型品种居多，鲜食品种较少。进入20世纪90年代以后，全国山楂产业整体"退烧"，市场需求少，经济效益低下，导致山楂育种工作缓慢。近年来，随着山楂市场的回暖，市场对山楂的需求逐渐增加，尤其是对鲜食品种的需求日益增多。但是，现有的品种已经老化，加工型品种较多，不能满足市场需求。另外，现有的品种成熟期过于集中，早熟品种和晚熟品种较少。山楂的加工时间主要集中在山楂收获后的3~5个月内，成熟期集中就会导致产量相对过剩，经济效益低下。

（二）栽培管理粗放，现代栽培技术应用不足

山楂适应性强、成花容易，因此管理粗放是我国山楂产区普遍存在的问题，而且随着土地成本和人工成本的增加，这种现象越来越严重，难以保证山楂果实的质量和产量。一是建园标准低，缺乏整体规划，水、电等基础设施配套不全，立地条件差，种苗繁育技术落后，缺少优质壮苗。二是重栽轻管，果农的栽培管理意识不强，管理粗放，没有掌握省力化修剪、生草覆盖、病虫害综合防控等现代化山楂高效栽培技术，部分果园处于半荒芜状态，果农只是在山楂成熟时进行采摘。三是随着果园树龄的增加，出现树形结构紊乱、产量低、果实质量差等问题，导致收入降低，进而影响果农种植山楂的积极性，形成恶性循环。

（三）加工工艺落后，产品附加值低

山楂加工产品大多停留在初级水平上，工艺落后，技术含量低，产品附加值不高。传统的山楂制品中存在一些不为大众接受的因素，如山楂有机酸含量较高，影响产品口感，为了改善口感，传统工艺中添加大量的糖，导致产品的消费群体受限，不适合老年人、儿童和糖尿病患者食用，难以满足广大消费者的需要。此外，市场对山楂保健品的需求旺盛，但是由于加工工艺不过关，导致功能性成分损失严重，保健作用下降，比如果脯和山楂汁，过度的蒸煮使山楂的营养成分部分或者全部丧失，榨汁过程中，山楂的功能因子黄酮损失严重。而且，由于技术水平不够，造成山楂加工副产物得不到利用，降低山楂产业整体经济效益。总之，加工能力不足和加工技术落后，直接影响山楂果实的营销和产业的经济效益。

（四）科研投入不足，研究水平落后

与其他大宗水果，如苹果、柑橘、梨等相比，山楂科研水平相对滞后，重视程度不够，国家、省级高等院校和科研院所关于山楂的项目较少。农林业相关政府部门和一般企业缺乏专门的科研队伍和技术人才。以上种种条件的限制，导致山楂的科研水平特别是育种和栽培技术的研究相对落后，缺乏符合市场需求的优良品种以及现代化高效栽培技术，也难以推进技术成果落地。

四、我国山楂产业发展对策与前景展望

（一）优化品种结构，培育新品种

我国是山楂属植物的起源中心之一，山楂属植物在我国种类多、分布广，预示着我国野生山楂资源中蕴藏着丰富的具有潜在利用价值的资源。针对山楂品种结构不平衡的问题，对全国山楂种质资源进行搜集、保存、挖掘和利用，利用遗传改良育种技术和分子生物辅助育种技术，培育抗性强、适应性广、耐贮藏、市场潜力大的鲜食品种和早熟加工品种，实现山楂品种的创新和产品的更新升级。

（二）研发和推广现代高效栽培技术

针对山楂栽培管理技术落后、果品质量差等问题，重点开展良种苗木繁育、机械化建园、省工高效土壤管理、轻简化修剪、病虫害绿色防控等现代化高效栽培技术研究，研发与品种配套的高光效树形、轻简化管理等技术，在典型生态区对筛选的品种开展配套栽培技术试验，集成不同生态区果树品种配套栽培技术体系，制定标准化生产技术规程，建设优质高效标准化示范园，通过示范带动，促进山楂现代优质高效栽培技术的推广应用。

（三）大力发展山楂加工业，开发精深加工产品

山楂是我国栽培的特有果树，含有丰富的营养物质和功能性成分。加快山楂的精深加工及综合开发利用对推动我国山楂产业振兴具有重大的战略意义。首先，要提升加工能力，加工能力的高低直接影响山楂果实的销售和价

格。其次，要大幅提高山楂精深加工工艺，提升产品附加值。针对山楂果实的营养保健作用，对山楂加工工艺进行深入的研究，深度开发山楂的药理作用，利用高科技手段和先进的工艺进行山楂的深加工，开发利用山楂果实中的有效成分，生产具有保健功效的高附加值产品。最后，建立健全山楂全产业链，对山楂果渣、种核等副产物进行再利用，尤其在饲料、杀菌消毒和防治心血管疾病等方面的作用更应深入挖掘，形成完整的产业链。

（四）加大科研投入，建立专业的科研队伍

随着国家乡村振兴战略的实施，作为乡村振兴中的一个重要产业，全国的山楂产业逐步进入了稳定、健康的发展轨道，重新走到了市场的前面。无论是从国家战略，还是从产业角度考虑，山楂的科学研究也引起了国家以及地方政府等相关部门的重视。北京市农林科学院林业果树研究所、山西农业大学（山西省农业科学院）果树研究所、山东省果树研究所等及时组建了山楂研究团队，河北也于2018年成立了河北省（承德）山楂产业研究院。同时，山楂产业关键技术研发也纳入"十四五"国家重点研发计划"乡村产业共性关键技术研发与集成应用"重点专项；山楂野生优特异种质资源调查也纳入科技部科技基础资源调查专项。随着国家以及地方各级政府对山楂产业的重视以及科研投入的增加，山楂产业一定会繁荣壮大，成为农民增收致富和乡村振兴的支柱产业（董宁光等，2022）。

第二节　山楂功能成分与综合利用

山楂是我国特有的药食同源食品，富含多种营养元素和功能性成分，具有降血脂、降血压、调节心脑血管系统、健脾开胃、活血化痰、抗炎症、抗癌等作用。研究表明，山楂富含氨基酸（含有8种必需氨基酸）、蛋白质（是苹果果实蛋白质含量的17倍）、糖类、矿物质（钙含量在水果中位列第1）、维生素（维生素A、维生素C、维生素B_1、维生素B_2）、其他成分（绿原酸、表儿茶酚、胆碱等）等多种营养成分。每100g山楂可食部分含

有蛋白质0.7g、脂肪0.2g、果胶3~4g、有机酸3~5g、单宁0.3~0.8g、氨基酸50~150mg、钠68mg、磷20mg、铁2.10mg、维生素A 0.82mg、维生素B_1 0.02mg、维生素B_2 0.05mg、烟酸0.40mg、维生素C 89mg、维生素D 0.40mg、黄酮类65mg。另外，山楂果胶含量很高，有降低血糖、预防胆固醇的功效。山楂中还有大量的膳食纤维，可以促进肠道蠕动以及分泌消化液，有利于消化食物和促进排泄。山楂中含有黄酮类、五环三萜类（山楂酸、齐墩果酸）等多种活性物质，具有很高的食疗保健价值。

一、山楂的主要功能成分

（一）黄酮类

山楂黄酮是山楂属植物的主要功能成分，目前从山楂中分离得出的黄酮及其苷类化合物有70多种，主要存在于花、果、叶中，其中叶中含量最高，根据苷元的不同，可分为芹菜素、木犀草素、山奈酚、槲皮素等（董嘉琪等，2021）。具体黄酮类成分如表1-1所示。

表1-1 山楂中黄酮类成分

序号	中文名称	英文名称
1	牡荆素	vitexin
2	6″-O-乙酰基牡荆素	vitexin-6″-O-acetyl
3	2″-O-乙酰基牡荆素	vitexin-2″-O-acetyl
4	牡荆素-2″-O-鼠李糖苷	vitexin-2″-O-rhamnosyl
5	牡荆素-4′-鼠李糖苷	vitexin-4′-rhamnosyl
6	牡荆素-4′-鼠李糖葡萄糖苷	vitexin-4′-rhamnosyl-O-glucoside
7	牡荆素-4′,7-双葡萄糖苷	vitexin-4′, 7-diglucosyl
8	牡荆素-2″-O-鼠李糖-(4‴-O-乙酰基)	vitexin-2″-O-ramnosyl（4‴-O-acetyl）
9	山楂纳新	cratenacin
10	去乙酰基山楂纳新	deacetyl-cratenacin
11	5,7,4′-三羟基黄酮8-C-[β-D-吡喃葡萄糖基（1-4）]-α-L-鼠李糖苷	5, 7, 4′-trihydroxyflavone8-C-[β-D-glucopyranosyl（1-4）]-α-L-rhamnopyranoside

（续表）

序号	中文名称	英文名称
12	大波斯菊苷	cosmosiin
13	5,4′-二羟基黄酮-7-O-鼠李糖苷（芹菜素）	5,4′-dihydroxl-7-O-rhamnosyl（apigenin）
14	异牡荆素	isovitexin
15	异牡荆素-2″-O-鼠李糖苷	isovitexin-2″-O-rhamnosyl
16	维采宁-1	vicenin-1
17	维采宁-2	vicenin-2
18	维采宁-3	vicenin-3
19	夏佛塔苷	schaftoside
20	异夏佛塔苷	isoschaftoside
21	新夏佛塔苷	neoschaftoside
22	新异夏佛塔苷	neoisoschaftoside
23	佛莱心苷	violanthin
24	山楂苷A	pinnatifide A
25	山楂苷B	pinnatifide B
26	山楂苷C	pinnatifide C
27	山楂苷D	pinnatifide D
28	山楂苷I	pinnatifide I
29	荭草素	orientin
30	2″-O-鼠李糖荭草素	2″-O-rhamnosyl-orientin
31	木犀草素-7-O-葡萄糖苷	luteolin-7-O-glucoside
32	木犀草素-3′,7-二葡萄糖苷	luteolin-3′,7-diglucoside
33	异荭草素	isoorientin
34	2″-O-鼠李糖异荭草素	2″-O-rhamnosyl-isoorientin
35	山柰酚	kaempferol
36	8-甲氧基山柰酚	8-methoxy kaempferol
37	8-甲氧基山柰酚-3-O-葡萄糖苷	8-methoxy kaempferol-3-O-glucosyl

（续表）

序号	中文名称	英文名称
38	8-甲氧基山奈酚3-O-新橙皮糖苷	8-methoxy kaempferol-3-O-neohesperidoside
39	山奈酚-3-O-新橙皮糖苷	kaempferol-3-O-neohesperidoside
40	槲皮素-3-O-葡萄糖苷	astragalin
41	7-α-L-鼠李糖-3-O-β-D-吡喃葡萄糖山奈酚	7-O-α-L-rhamnosyl-3-O-β-D-glucopyanosyl kaempferol
42	五子山楂苷	glogoside
43	3,4′,5,8-四羟基黄酮-7-O-葡萄糖苷	3,4′,5,8-tetra-hyduoxyl-flavone-7-O-glucosyl
44	槲皮素	quercetin
45	槲皮素-3′-O-阿拉伯糖苷	3′-O-arabinosyl-quercetin
46	槲皮素-4′-O-葡萄糖苷	spiraeside
47	芦丁	rutin
48	槲皮苷	3-O-rhamnosyl quercetin
49	金丝桃苷	hyperoside
50	生物槲皮素	bioquercetin
51	3-O-葡萄糖槲皮素	3-O-glucopyanosyl quercetin
52	3-O-戊糖槲皮素	quercetin 3-O-pentoside
53	3-O-6″-乙酰基葡萄糖槲皮素	quercetin3-O-（6″-acetyl-glucoside）
54	柚皮素-5,7-双葡萄糖苷	naringenin-5,7-O-diglucoside
55	北美圣草素-5,3′-双葡萄糖苷	eriodictyol-5,3′-diglucoside
56	北美圣草素-7,3′-双葡萄糖苷	eriodectyol-7,3′-diglucoside
57	花旗松素	（+）-taxifolin
58	3-O-β-阿拉伯吡喃糖基-（+）-紫杉叶素	3-O-β-arabinopyranosyl-（+）-taxifolin
59	3-O-β-吡喃木糖基-（+）-紫杉叶素	3-O-β-xylopyranosyl-（+）-taxifolin
60	矢车菊素	cyanidin
61	儿茶素	（+）-catechin
62	（−）-表儿茶素	（−）-epicatechin
63	无色缔纹天竺素	leucocyanidin

(续表)

序号	中文名称	英文名称
64	缔纹天竺苷	pelargonin
65	二聚无色矢车菊素	dimeric leucocyanidin
66	原花青素A-2	procyanidin A-2
67	原花青素B-2	procyanidin B-2
68	原花青素B-4	procyanidin B-4
69	原花青素B-5	procyanidin B-5
70	原花青素C-1	procyanidin C-1
71	表儿茶素-（4β-6）-表儿茶素-（4β-8）-表儿茶素	epicatechin-（4β-6）-epicatechin-（4β-8）-epicatechin
72	原花青素D-1	procyanidin D-1
73	表儿茶素-（4β-8）-表儿茶素-（4β-6）-表儿茶素	epicatechin-（4β-8）-epicatechin-（4β-6）-epicatechin
74	原花青素E-1	procyanidin E-1
75	2′-羟基-7-（3-羟丙基）-6-甲氧基黄酮	2′-hydroxy-7-（3-hydroxypropyl）-6-methoxy-flavone
76	坎德林A-1	kandelin A-1

（二）有机酸类

山楂中的有机酸主要包括枸橼酸、苹果酸、亚麻酸、棕榈酸和亚油酸等。《中国药典》2020年版将枸橼酸的含量作为评价山楂质量的一项重要定量指标。具体有机酸类成分如表1-2所示。

表1-2　山楂中有机酸类成分

序号	中文名称	英文名称
1	安息香酸（苯甲酸）	benzoic acid
2	对羟基苯甲酸	（p-hydroxyphenyl）benzoic acid
3	没食子酸	gallic acid
4	原儿茶酸	protocatechuic acid

（续表）

序号	中文名称	英文名称
5	茴香酸	anisic acid
6	香草酸	vanillic acid
7	丁香酸	syringic acid
8	龙胆酸	gentisic acid
9	3-乙氧基-4-羟基苯甲酸	3-ethoxy-4-hydroxybenzoic acid
10	对乙氧基苯甲酸	4-ethoxybenzoic acid
11	对甲基苯甲酸	p-toluic acid
12	3-甲氧基-4-甲基苯甲酸	3-methoxy-4-methylbenzoic acid
13	β-香豆酸	β-coumaric acid
14	咖啡酸	caffeic acid
15	阿魏酸	ferulic acid
16	莽草酸	shikimic acid
17	对甲氧基苯丙酸	3-（4-methoxyphenyl）propionic acid
18	根皮酸	3-（4-hydroxyphenyl）propionic acid
19	肉桂酸	cinnamic acid
20	反式对羟基桂皮酸	trans-p-hydroxycinnamic acid
21	反式对乙氧基桂皮酸	p-acetoxycinnamic acid
22	苹果酸	malic acid
23	枸橼酸	citric acid
24	奎尼酸	quinic acid
25	丙酮酸	pyruvic acid
26	酒石酸	tartaric acid
27	绿原酸	chlorogenic acid
28	琥珀酸	succinic acid
29	延胡索酸	fumaric acid
30	抗坏血酸	ascorbic acid
31	乙酸	acetic acid

（续表）

序号	中文名称	英文名称
32	草酸	oxalic acid
33	棕榈酸	palmitic acid
34	硬脂酸	stearic acid
35	油酸	oleic acid
36	亚油酸	linoleic acid
37	亚麻酸	α-linolenic acid
38	花生酸	arachidic acid
39	山嵛酸	behenic acid
40	4-氧代戊酸	levulinic acid
41	月桂酸	lauric acid
42	壬二酸	nonanedioic acid
43	肉豆蔻酸	myristic acid
44	十七酸	heptadecanoic acid
45	2-羟基十六酸	2-hydroxy-hexadecanoic acid
46	十九碳酸	nonadecanoic acid
47	十三碳二酸	tridecanedioic acid
48	花生烯酸	11-eicosenoic acid
49	二十一碳酸	heneicos anoic acid
50	十八碳二酸	octadecanedioic acid
51	二十三碳酸	tricosanoic acid
52	二十四碳酸	tetracosanoic acid
53	蜡酸	cerotic acid

（三）三萜类

三萜类化合物由6个异戊二烯联合而成，大多为四环三萜和五环三萜。山楂中三萜类化合物主要有乌苏烷型、环阿屯烷型、齐墩果烷型、羊毛脂烷型和羽扇豆烷型。具体三萜类成分如表1-3所示。

表1-3　山楂中三萜类成分

序号	中文名称	英文名称
1	熊果酸	ursolic acid
2	齐墩果酸	oleanolic acid
3	山楂酸	crataegolic acid
4	科罗索酸	corosolic acid
5	24-亚甲基-24-二氢羊毛甾醇	24-methylene-24-dihydrolanosterol
6	牛油树醇	butyrospermol
7	环阿屯醇	cycloartenol
8	野山楂醇	cuneataol
9	熊果醇	uvaol
10	桦木醇	betulin
11	三羟基齐墩果酸	arjungenin
12	阿琼糖苷	arjunglucoside
13	苦味酸-28-O-β-D-吡喃葡萄糖苷	tormentic acid-28-O-β-D-glucopyrannoside
14	——	18, 19-seco, 2α, 3β-dihydroxy-19-oxo-urs-11, 13 (18) -dien-28-oic acid
15	β-谷甾醇	β-sitosterol
16	胡萝卜苷	daucosterol
17	豆甾醇	stigmosterol

（四）木脂素类

木脂素是一类由2分子或3分子苯丙基以不同形式聚合而成的天然有机化合物，多数呈游离状态，少数与糖结合成苷而存在于植物的木部和树脂中，故而得名。山楂中的木脂素多存在于核中，其余仅少量存在于山楂叶中。具体木脂素类成分如表1-4所示。

表1-4 山楂中木脂素类成分

序号	中文名称	英文名称
1	（+）-7R,8S-5-甲氧基二氢脱氢乌头醇	（+）-7R,8S-5-methoxy dihydrodehydroconiferyl alcohol
2	（-）-2a-O-（β-D-吡喃葡萄糖基）-赖氨匹林醇	（-）-2a-O-（β-D-glucopyranosyl）-lyoniresinol
3	表丁香脂素-4″-O-葡萄糖苷	tortoside A
4	赤式-1-（4-O-β-D-吡喃葡萄糖基-3-甲氧基苯基）-2-[4-（3-羟基丙基）-2,6-二甲氧基苯氧基]-1,3-丙二醇	erythro-1-（4-O-β-D-glucopyranosyl-3-methoxyphenyl）-2-[4-（3-hydroxypropyl）-2,6-dimethoxyphenoxy]-1,3-propanediol
5	二氢去氢二愈创木基醇-4′-B-D-葡萄糖苷	（7S,8R）-urolignoside
6	（7S,8R）-5-甲氧基二氢脱氢二铁醇4-O-β-D-吡喃葡萄糖苷	（7S,8R）-5-methoxy dihydrodehydrodiconiferyl alcohol 4-O-β-D-glucopyranoside
7	苊烯醇-4″-O-β-D-吡喃葡萄糖苷	acernikol-4″-O-β-D-glucopyranoside

（五）单萜及倍半萜

单萜和倍半萜是由2~3个异戊二烯单元组成的化合物，是精油的主要成分。具体单萜及倍半萜类成分如表1-5所示。

表1-5 山楂中单萜及倍半萜类成分

序号	名称
1	（5Z）-6-[5-（2-hydroxypropan-2-yl）-2-methyltetrahydrofuran-2-yl]-3-methylhexa-1,5-dien-3-ol
2	（5Z）-6-[5-（2-O-β-D-glucopyranosyl-propan-2-yl）-2-methyl tetrahydrofuran-2-yl]-3-methylhexa-1,5-dien-3-ol
3	5-ethenyl-2-[2-O-β-D-glucopyranosyl-（1″-6′）-β-D-glucopyranosyl-propan-2-yl]-5-methyltetrahydrofuran-2-ol
4	4-[4β-O-β-D-xylopyranosyl-（1″-6′）-β-D-glucopyranosyl-2,6,6-trimethyl-1-cyclohexen-1-yl]-butan-2-one

(续表)

序号	名称
5	（Z）-3-hexenyl O-β-D-glucopyranosyl-（1″-6′）-β-D-glucopyranoside
6	（Z）-3-hexenyl O-β-D-xylopyranosyl-（1″-6′）-β-D-glucopyranoside
7	（Z）-3-hexenyl O-β-D-rhamnopyranosyl-（1″-6′）-β-D-glucopyranoside
8	（3R, 5S, 6S, 7E, 9S）-megastiman-7-ene-3, 5, 6, 9-tetrol
9	（3R, 5S, 6S, 7E, 9S）-megastigman-7-ene-3, 5, 6, 9-tetrol 9-O-β-D-glucopyranoside
10	（6S, 7E, 9R）-6, 9-dihydroxy-4, 7-megastigmadien-3-one 9-O-［β-D-xylopyranosyl-（1″-6′）-β-D-glucopyranoside］
11	linarionoside C
12	（3S, 9R）-3, 9-dihydroxy-megastigman-5-ene 3-O-primeveroside
13	linarionoside A
14	linarionoside B
15	3β-glucopyranosyloxy-β-ionone
16	icariside B6
17	pisumionoside
18	（3S, 5R, 6R, 7E, 9R）-3, 6-epoxy-7-megastigmen-5, 9-diol-9-O-β-D-glucopyranoside
19	（6S, 7E, 9R）-roseoside
20	（6R, 9R）-3-oxo-α-ionol-9-O-β-D-glucopyranoside

二、山楂的综合利用研究现状

（一）山楂核

山楂核为中药山楂的种子，始载于《滇南本草》，具有消食、散结、治疝、催生等功效。单从功效上看，山楂核与山楂（消食健脾、行气散瘀，化浊降脂）有一定区别，但在临床使用上却存在混用的现象，加之《中国药典》尚未规定山楂饮片中山楂核的限量检查，因此该问题尚未得到有效解决。

山楂核富含木脂素类、简单苯丙素类、黄酮类等次生代谢物，具有抗氧化、抗菌、调节血脂、抗炎和保护神经等作用，在预防和治疗心脑血管疾病、消化道疾病、抗衰老等方面具有广阔的前景。此外，以山楂核为原料开发保健食品、功能性化妆品等有一定价值。截至目前，已从山楂核中分离、鉴定出270余种成分，包括木脂素类、简单苯丙素类、黄酮类、挥发性组分和其他类成分（吕立铭等，2022）。

1. 化学成分

（1）木脂素类。山楂核中共分离、鉴定出93个木脂素类化合物，可整理归类为新木脂素类、氧新木脂素类、倍半新木脂素类、环木脂素类和其他木脂素类。

①新木脂素类：结构特点是两个C6-C3单元不通过C-8和C-8′连接，而是通过其他位置的"C-C"连接。山楂核中分离得到的新木脂素均为两个C6-C3单元通过C-8与C-5′相连，同时C-7与C-4通过醚键连接，形成苯并二氢呋喃结构，结构中C-5、C-3′位多有甲氧基，C-7′和C-8′之间以单键或者双键连接。目前已从山楂核中分离鉴定出27个新木脂素类化合物。

②氧新木脂素类：山楂核中分离得到的氧新木脂素结构特点是两个C6-C3单元之间不以"C-C"连接，而是通过碳氧键以8-O-4′方式连接，结构中C-3位被甲氧基取代，C-9位被羟基取代，C-7′和C-8′位之间以单键或者双键连接。目前已从山楂核中分离鉴定出32个氧新木脂素类化合物。

③倍半新木脂素类：由3个C6-C3单元连接而成，山楂核中分离得到的该类成分在C-3、C-4、C-3′、C-5′、C-3″、C-5″位多被甲氧基或羟基取代，C-9、C-9′、C-9″位多被羟基取代。目前已从山楂核中分离鉴定出19个倍半新木脂素类化合物。

④环木脂素类：山楂核中分离得到的环木脂素结构特点是两个C6-C3单元通过C-8与C-8′和C-2与C-7′连接，形成芳基四氢萘结构，结构中C-3、C-5′位被甲氧基取代，C-4、C-9、C-4′位被羟基取代。目前已从山楂核中分离、鉴定出8个环木脂素类化合物。

⑤其他木脂素类：包括双环氧木脂素、环氧木脂素和简单木脂素。目前已从山楂核中分离、鉴定出7个其他木脂素类化合物。

（2）简单苯丙素类。从山楂核中分离、鉴定出22个简单苯丙素类化合物。

（3）黄酮类。从山楂核中共鉴定出16个黄酮类化合物，包括简单黄酮类14个、二氢黄酮类1个、黄烷醇类1个。其中，槲皮素和金丝桃苷是经分离得到，其余化合物以快速高分离液相色谱/四级杆串联飞行时间质谱联用（RRLC/Q-TOF MS）定性鉴别得到。

（4）挥发性组分。采用气相色谱-质谱联用技术（GC-MS）从山楂核挥发性组分中鉴定出饱和脂肪酸及其酯类23个，如硬脂酸（stearic acid）、棕榈酸（palmitic acid）、棕榈酸甲酯（methyl palmitate）、硬脂酸甲酯（methyl stearate）；不饱和脂肪酸及其酯类25个，如油酸（oleic acid）、亚麻酸（linolenic acid）、油酸甲酯（methyl oleate）、亚麻酸甲酯（methyl linolenate）；饱和烷烃33个，碳原子个数从7~28个不等，如十五烷（pentadecane）、二十烷（eicosane）；不饱和烷烃12个，如角鲨烯（squalene）、甲苯（toluene）；脂肪醇、醛类17个，如二十八烷醇（octacosanol）、E-2-庚烯醛（E-2-heptenal）；五环三萜类4个，如熊果酸（ursolic acid）；甾体类3个，如豆甾醇（stigmasterol）等；芳香酸及其酯类3个，如邻苯二甲酸二乙酯（diethyl phthalate）；香豆素类1个，为2-苯甲酰基-3-乙基-5,9-二甲基呋喃酸酯苯并吡喃酮（2-benzoyl-3-ethyl-5,9-dimethyl furoate phenopyrone）；呋喃类1个，为2-戊基呋喃（2-pentylfuran）。

2. 药理作用

山楂核提取物及其成分具有抗氧化、抗菌、抗肿瘤、调节血脂、抗炎和神经保护的作用，此外，还具有促胃肠动力功能，抗心律失常和镇痛作用等。

（1）抗氧化。通过系统研究山楂核醇提物及其不同极性溶剂（石油醚、乙酸乙酯、正丁醇、水）萃取物体外抗氧化活性，结果发现均能清除1,1-二苯基-2-三硝基苯肼（DPPH）、2,2′-联氮-双-3-乙基苯并噻唑啉-6-磺酸（ABTS）、羟自由基和还原铁离子，抗氧化能力与浓度呈正相关，其中乙酸乙酯萃取物清除DPPH、ABTS和还原铁离子的能力最强，而其清除羟自由基能力弱于水提物。山楂核富含简单苯丙素、木脂素、黄酮等成分，可能是其主要抗氧化活性物质。有研究证实山楂果皮、果肉、果核总黄酮体外抗氧化活性，抗氧化能力强弱顺序为果核>果肉>果皮。从山楂核中分离得到的木脂素成分显示出较强的清除DPPH、ABTS自由基活性，强于对照品奎诺二甲基丙烯酸酯（Trolox）。此外，山楂籽油中含有丰富的角鲨烯、维生素E、多酚类等多种天然抗氧化成分，通过DPPH和ABTS法评价山楂籽油的体外抗氧化活性，发现山楂籽油对DPPH和ABTS的清除率分别为93.21%和91.43%。

（2）调节血脂。山楂籽油能显著降低高脂模型动物血清中的胆固醇（TC）和甘油三酯（TG）。通过给高脂饲喂的大鼠、小鼠灌胃不同剂量的山楂籽油，发现山楂籽油能降低实验动物血清TG、总胆固醇TC水平，促进血清高密度脂蛋白的生成，其作用机制是通过提高肝脂酶（HL）、脂蛋白脂酶（LPL）、卵磷脂胆固醇酰基转移酶（LCAT）的活性，减少脂质在血管内沉积，加快自由基清除速度，增强机体抗氧化能力，提高血清一氧化氮（NO）的含量和降低血浆内皮素（ET）的含量，通过调节NO与ET的平衡来改善血管内皮功能，进而预防动脉粥样硬化发生与发展。此外，山楂核醇提取物、总黄酮均能显著降低高胆固醇血症大鼠血清中的TC、低密度和极低密度脂蛋白胆固醇，减少胆固醇在动脉壁的沉积，从而调节血脂。

（3）抗菌。山楂核多糖、醇提物、干馏油具有较强的抗菌活性，其中以山楂核干馏油为原料制成的红核妇洁洗液已应用于临床。山楂核干馏油对5种主要食物中致病菌（大肠杆菌、伤寒杆菌、痢疾杆菌、金黄色葡萄球菌和绿脓假单胞菌）最小抑菌浓度为0.25%~0.5%，最小杀菌浓度为1.0%~2.0%，表明不同种类细菌对山楂核干馏油的敏感性存在一定差异。山楂核醇提物对金黄色葡萄球菌的抑制效果优于绿脓杆菌，而对白念珠菌及大肠杆菌无明显抑制作用，其乙酸乙酯萃取物对金黄色葡萄球菌有明显抑制效果。山楂核多糖和山楂多糖对革兰氏阴性菌（大肠杆菌、肺炎杆菌、鼠伤寒沙门氏菌）、革兰氏阳性菌（金黄色葡萄球菌、粪肠球菌、蜡样芽孢杆菌、单核细胞增多性李斯特氏菌）均有抑制作用，且两种多糖的抗菌效果因细菌种类而异。

（4）抗肿瘤。山楂核中的木脂素类成分、简单苯丙素类成分对人体肿瘤细胞U937、HL60、HepG2、HT-1080等表现出较强的细胞毒活性，表明山楂核木脂素类成分抗肿瘤作用值得进一步研究。

（5）抗炎。山楂核提取物及其化学成分能够抑制炎症因子一氧化氮（NO）和肿瘤坏死因子α（TNF-α）的生成，从而表现出良好的抗炎活性。山楂核木脂素成分和简单苯丙素成分能抑制LPS诱导的小鼠巨噬细胞产生NO和TNF-α。

（6）神经保护。山楂核中木脂素类成分对H_2O_2诱导的人神经母细胞瘤SH-SY5Y细胞损伤有显著的保护作用，值得进一步研究其药用价值。

（7）其他功能和药理作用。山楂核提取物具有促胃肠动力功能以及抗心律失常和镇痛作用。研究发现，山楂核促胃肠动力主要活性部位是乙酸乙酯提取物（HEA），其机制是HEA能够缓解高血糖引起的过氧化损伤，调节胃中c-kit、胃饥饿素（ghrelin）与神经元型一氧化氮合酶（n-NOS）的表达，增加胃中Cajal间质细胞（ICC）的数量，从而促进糖尿病性胃轻瘫大鼠胃肠运动。山楂核总黄酮能明显降低三氯甲烷诱导的小鼠室颤发生率，并明显增加诱发大鼠发生心律失常的乌头碱消耗量，推迟心律失常出现时间，明显减轻由三氯甲烷及乌头碱引起的实验性心律失常。山楂核提取物不仅具有中枢神经系统抑制活性，而且具有内源性阿片系统介导的外周镇痛作用。

3. 山楂核应用

（1）食品添加剂。山楂核经过高温干馏得到干馏香料，其中，水溶性部分制成食品烟熏香味料，脂溶性部分制成山楂核干馏油，两者均具有独特的焦香气味和较强的抗菌、抗氧化和清除氧自由基的能力，在食品、医药和保健品等方面具有实用价值。山楂烟熏香味料不仅香气浓郁持久，而且安全卫生，不含3,4-苯并芘等强致癌物质，是目前我国唯一允许使用的原生型烟熏调味品，也是国内唯一的液体烟熏香味料。将山楂核烟熏料应用于肉类加工中，不仅可以增加产品的烟熏风味，还可以有效抑制脂肪氧化和细菌生长，延长肉制品保存期。

（2）抗菌、消毒产品。山楂核干馏油制成的软膏、霜剂、洗剂等对神经性皮炎、湿疹、毛囊炎等具有良好疗效。以山楂核干馏油为原料制成的红核妇洁洗液具有良好的杀菌能力，对多种泌尿系统、生殖道致病菌均有不同程度的抑制作用，常用于治疗霉菌性阴道炎、非特异性阴道炎、神经性皮炎和湿疹等。

（3）其他应用。山楂核中含有约10%的山楂籽油及丰富的不饱和脂肪酸、维生素E等，营养价值与橄榄油相当，是极具潜力的功能性食品油。此外，山楂核还是制作活性炭的良好材料，实验证明山楂核活性炭具有与椰壳炭相同的吸附动力学模型，其吸金速度和回收金的效率都不亚于椰壳炭；而在矿浆中的搅拌磨损强度和球磨强度实验结果均表明山楂核活性炭强度高于美国黄金提炼用椰壳炭。利用山楂核制备的活性炭可去除86.3%~96.2%的农药杀菌剂，其还可作为一种具有低成本效益的绿色吸附剂。

（二）山楂叶

山楂叶中含有的功能性成分主要有黄酮类、三萜类、有机酸类化合物及氨基酸、矿物质等，其中总黄酮含量远高于果实，具有较高的应用价值。山楂叶具有降糖降脂、改善血液循环、保护神经等作用。山楂叶黄酮可通过调节大鼠脂质代谢和肠道菌群，起到降血脂的作用。山楂叶中的黄酮类物质可促进脊髓损伤的恢复，可能是山楂叶黄酮可促进自噬和相关蛋白的表达，从而恢复脊髓神经运动元功能。山楂叶提取物可作为一种功能性保健原料添加到食品中。将提取的山楂叶多糖添加到酸奶中，可提高酸奶的抗氧化活性，改善酸奶品质。将山楂叶茶水与山楂果进行复合发酵，生产出的山楂茶复合果酒色泽清亮饱满，具有丰富的茶香与果香，口感醇厚相宜。山楂叶在医药领域中主要用于制备心脑血管类疾病药物，如益心酮片、心安胶囊、复心片等均以山楂叶提取物为主要原料，黄酮类化合物为功效成分，其中益心酮已收录于2020版《中国药典》，具有良好的临床效果。

（三）山楂色素

山楂色素主要存在于山楂果皮中，是一种天然花青素类色素，具有抗氧化、抑菌、保护大脑、抗病毒等作用。目前一般是将山楂或山楂皮干燥、粉碎后，采用乙醇、超声波、微波等技术进行山楂色素的提取。山楂色素的不同提取工艺如表1-6所示。

表1-6 山楂色素的不同提取工艺

提取方式	原料处理	提取条件
超声	山楂切片、冷冻干燥、粉碎、过筛	70%乙醇，料液比1:85（g/mL），提取时间70min，超声时间40min
微波	新鲜山楂削皮、切碎	浸提剂为95%乙醇，微波处理1min，常温浸提5h
离子液体辅助乙醇	山楂切片、烘干、粉碎、过筛	离子液体用量为15%，液料比为4:3（g/mL），提取时间为59min，溶液pH值为1.1，提取温度为60℃

山楂色素可代替合成色素用于食品、医药及日化产品中，以改善产品外观及性状。在健胃消食咀嚼片中添加山楂天然红色素可获得味道酸甜、口感好的粉红色片剂。在口红中添加山楂等天然材料，无须使用工业助剂即可获得具有抗氧化活性、对人体无害的功能性山楂口红。

（四）山楂果胶

果胶是一种多糖类物质，主要存在于植物的细胞壁中，可用作胶凝剂、增稠剂、稳定剂、乳化剂等。山楂中的果胶含量可达6.5%，传统的山楂加工产品，如山楂糕、山楂果酱、山楂条等就是利用果胶的凝胶作用制成的。果胶的提取方法有多种，其中最常用的是热水浸提、酸法、酶法、超声、微波等。不同方法提取果胶的得率、理化性质及活性不同（表1-7）。山楂果胶具有多种生物活性，如抗氧化、益生元活性等，还具有抗糖化、降血脂等功效，在食品、医药行业具有潜在的应用前景。对山楂果胶寡糖的研究发现，其能够抑制婴儿配方奶粉中晚期糖基化产物的形成，可作为天然食源性抗糖化剂。

表1-7 山楂果胶不同提取工艺优缺点

提取方法	优点	缺点
热水浸提	操作过程简单	山楂果胶得率低，其酯化度和活性成分均较低
酸法	一般使用盐酸、柠檬酸，提取的山楂果胶透明度高，抗氧化活性强	废液中有化学试剂残留，不易清除
酶法	山楂果胶得率高，酯化度和黏度高，凝胶性能较好	工艺操作复杂，需控制酶解条件
微波辅助螯合剂	山楂果胶得率高，半乳糖醛酸含量高	螯合剂类型及用量需进行筛选
超声	山楂果胶总糖含量和多聚半乳糖含量高，生物活性强	山楂果胶得率低

第三节 山楂的本草考证

山楂作为药食同源的传统中药,已有近千年的应用历史。在古今文献记载中,其名称、基原关系混乱,不易分辨。经系统考证,山楂之名首见于《本草衍义补遗》。清末之前,以野山楂作为主流药用来源,近代以来,药用山楂的基原已增加为9种(张大宝等,2023)。

一、名称考证

最早记载山楂的典籍《尔雅》,称山楂为"朹""檕梅"。《本草经集注》称"鼠查""羊梂"。唐《新修本草》称"赤爪草,……一名羊梂,一名鼠查"。唐《本草拾遗》提及"赤爪草,即鼠查梂也"。至宋《开宝本草》称"赤爪木"。宋《本草图经》称"棠梂子"。宋《履巉岩本草》称"棠毯,味涩,……小儿呼为山里果子"。宋《是斋百一选方》称"山里红果,俗名酸枣,又名鼻涕团",又名"柿楂子"。元《日用本草》称"茅楂"。元《本草衍义补遗》首次出现"山楂"的名称。明《救荒本草》称"山里果儿,一名山里红,又名映山红"。可知,"山楂"之名首见于本草著作《本草衍义补遗》中,而非《本草纲目》。

中华人民共和国成立至今,1959年版《山东中药》记载"山查,又名山楂,土名酸查、山查果、山查扣"。1980年版《上海市中药饮片炮制规范》记载"山楂,通用名称楂饼、山查"。1982年版《常用中药名辨》记载"北山楂主产于东北三省及河北、河南、山西等北方地区;产于山东者品质最佳,称为东山楂;南山楂产于长江流域及南方各地"。2009年版《甘肃省中药材标准》收载药材商品"平凉山楂"。2015年版《四川省中药饮片炮制规范》收载药材商品"山楂果"。综上可知,山楂存在"赤爪草""棠毯子""山里红"等几十种别名(表1-8)。在记载山楂的典籍中,"查""楂""樝"三者通用,现代统一用"楂"(张大宝等,2023)。

表1-8 古今文献山楂别名

年代	名称	出处
梁	鼠查、羊梂	《本草经集注》
唐	赤爪草、羊梂、鼠查	《新修本草》
	赤爪草、鼠查	《本草拾遗》
宋	赤爪木、羊梂、鼠查	《开宝本草》
	棠毬子	《本草图经》
	赤枣子	《桂海虞衡志》
	山里果子	《履巉岩本草》
	柿楂子、山里红果、酸枣、鼻涕团	《是斋百一选方》
元	茅楂	《日用本草》
	山楂	《本草衍义补遗》
明	山里果儿、山里红、映山红	《救荒本草》
	山查、山楂、山林果、山里红	《滇南本草》
	棠毬子、山查子、海红、山里果	《本草品汇精要》
	山楂子、糖球子、山甲红	《本草蒙筌》
	山楂、赤爪子、鼠查、猴楂、茅楂、檕梅、羊梂、棠毬子、山里果	《本草纲目》
	山楂	《本草汇言》
	山查	《雷公炮制药性解》
清	山楂、赤爪、虎掌	《本草乘雅半偈》
	山楂	《本草汇笺》
	山楂、棠梂子、山查	《本经逢原》
	山（查）楂、棠毬子	《本草从新》
	山楂、棠梂子、山里果	《得配本草》
	山楂、糖梂子、山里果子	《法古录》
	山楂	《植物名实图考》

(续表)

年代	名称	出处
清	山查	《本草害利》
	山楂	《本草汇纂》
	山楂、猴楂、棠梂子	《本草纲目易知录》
1937年	山梨、酸梅子	《中国树木分类学》
1959年	山查、山樝、酸查、山查果、山查扣	《山东中药》
1980年	山楂、楂饼、山查	《上海市中药饮片炮制规范》
1982年	南山楂、北山楂、东山楂	《常用中药名辨》
2005年	云山楂、糖炒云山楂	《云南省中药饮片标准》
2009年	平凉山楂	《甘肃省中药材标准》
2015年	山楂果	《四川省中药饮片炮制规范》

二、产地和基原考

（一）清代以前

晋《尔雅注疏》注曰，机树，状似梅。子如指头，赤色，似小柰，可食。据此可知，此处记载的机树可为药用，并在晋代开始兴盛，但未标明具体用药部位。梁《本草经集注》记载，鼠楂，生去地高尺，余许。

中药山楂的产地之说，始见于唐《新修本草》记载，赤爪草……小树生高五、六尺，叶似香菜，子似虎掌爪，大如小林檎，赤色。出山南（今湖北襄阳）、申州（今河南信阳）、安州（今湖北安路）、随州（今湖北随县）。对比《中国果树志·山楂卷》，可以确定此"赤爪草"为山楂属植物野山楂（*Crataegus cuneate* Sieb. Et Zucc.）。

宋《本草图经》记载，棠梂子生滁州，三月开花，随便结实，其味而涩。其后宋《履巉岩本草》也记载了滁州所产棠梂子。据此可知，滁县山楂可以入药。结合程铭恩等实地考察，安徽滁县仅有野山楂分布，对比《中国果树志·山楂卷》，可以确定此"棠梂子"为山楂属植物野山楂。宋《是斋百一选方》曰："《泊宅编》云：蜀人山叟治痢药，用罂粟壳并去核，鼠查子，……尤治噤口痢。鼠查子即糖球。"从书籍记载的时代、名称和功效而言，此处的鼠查子应该为棠梂子无疑，文中的"蜀"在四川地区。

明《救荒本草》记载，"山里果，生新郑县山野中，枝茎似初生桑条，上多小刺。开白花。结红果，大如樱桃，味甜"。《救荒本草》记载"山里果"，主要作用在于食用救饥。对比《中国果树志·山楂卷》中山楂图片，可以判断为山楂（Crataegus pinnatifida Bge.）或山里红（Crataegus pinnatifida Bge. var major N.E.Br.）。

李时珍在《本草纲目》中首次将山楂明确分为2种，其曰："一种小者，山人呼为棠机子，茅楂、猴楂，可入药用。一种大者，山人呼为羊机子。初甚酸涩，经霜乃可食，功应相同，而采药者不收。"李时珍校正《新修本草》赤爪草，《本草图经》棠梂子，《本草衍义补遗》山楂，三者同物异名。李时珍言"小者唯入药用"，查阅其后的历代本草，《本草备要》《本草从新》《植物名实图考》都沿用这一标准。可知清代之前药用山楂的主流都是个头较小的山楂。《福建药物志》记载："野山楂生长于福建，分布于向阳山坡灌木丛中。分布于福州、闽侯、松溪等地。"结合现今《中国果树志·山楂卷》中描述，可知李时珍用于入药的山楂应为野山楂。李时珍在《本草纲目》中将"鼠查《本草经集注》"列在山楂项下，而且其可入药使用，可推知其基原应该为野山楂。《本草纲目》对"山楂大者"植物的描述，结合《中国果树志·山楂卷》中山楂的图片描述等资料，可以推断其为湖北山楂（Crataegus hupehensis Sarg.）或山楂（Crataegus pinnatifida Bge.）。

明《滇南本草》和《云南通志》记载，"滇产山楂列有大理府、永昌府、澂江府、景东府、丽江军民府等属"，并结合《中国果树志·山楂卷》中云南山楂的文字和图片描述，可以确定云南地区药用山楂基原应为云南山楂〔Crataegus scabrifolia（Franch）Rehd.〕。明《二如亭群芳谱》记载与《本草纲目》基本一致。

清《随息居饮食谱》记载，"山楂……大者去皮核，和糖蜜，捣为糕，名楂糕。色味鲜美，可充方物。入药以义乌产者胜"。从名称"山里果"、产地北方、可供食用3个方面，可以佐证《救荒本草》所述山楂主要供食用。产于义乌山楂可入药，义乌在浙江，是野山楂的分布区域，因此这里记载的是野山楂。

（二）近代

1918年《植物学大辞典》记载，"山樝子，蔷薇科山樝子属，……果实形圆而微扁，赤色或黄色，径六七分。味淡薄，淡甘微酸。其构造类于林檎之果实"。根据植物形态描述，可以确定记载的是野山楂（*Crataegus cuneate* Sieb. Et Zucc.）。

1935年《中国药学大辞典》记载，"山楂乃落叶灌木，花开于春日，与新叶并发。白色，五瓣，簇生似单瓣梅花，又若林檎花。后结实，实作圆球形，亦似林檎"。《中国药学大辞典》配套彩图集《中国药物标本图影》中附有药材图及切片图，图中所绘药材植物叶片无羽裂，果实近球形或扁球形，山楂核内面两侧光滑，其配图又与《植物学大辞典》一致，故可确定书中记载的是野山楂。关于山楂产地，2012年陈仁山《药物出产辨（十一）》记载，山楂产山东青州、东安、安丘等处。惟以青州者佳。1970年杨华亭《药物图考》记载，"中国南北各地皆产，山东产者为佳"。由此可知，产于山东的山楂、山里果已经逐渐入药使用，药用山楂的主产区逐渐向山东转移。

中华人民共和国成立至今，1963年版《中国药典》收载山楂，1977年版《中国药典》，将"山楂（*Crataegus pinnatifida* Bge. var *major* N. E. Br.）"更正为"山里红（*Crataegus pinnatifida* Bge. var *major* N. E. Br.）"，并增加了"山楂（*Crataegus pinnatifida* Bge.）"，此时的药用山楂，一共为3种，即山里红（*Crataegus pinnatifida* Bge. var *major* N. E. Br.）、山楂（*Crataegus pinnatifida* Bge.）或野山楂（*Crataegus cuneate* Sieb. Et Zucc.），并一直沿用至1985年版《中国药典》。其后1990年至2020年版《中国药典》，山楂来源只保留2种，即山里红（*Crataegus pinnatifida* Bge. var *major* N. E. Br.）和山楂（*Crataegus pinnatifida* Bge.）。

除此以外，各地方标准及炮制规范收录情况与《中国药典》存在较多不同之处。2005年版《云南省中药饮片标准》收载"云山楂"，作为传统的山楂药用来源。2009年版《甘肃省中药材标准》收载"平凉山楂"，基源为甘肃山楂与华中山楂。2007年版《广西壮族自治区中药饮片炮制规范》收载

"广山楂",金世元(2012)指出广山楂主产于广西,与正品山楂在性状上差别较大,应注意鉴别使用。2015年版《四川省中药饮片炮制规范》收载"山楂果",基源为云南山楂与湖北山楂。在国家和地方中药材标准以外,《中国山楂种质资源与利用》记载辽宁山楂(Crataegus sanguinea Pall.)和毛山楂(Crataegus maximowiczii Schneid.)可作为药用山楂。由此可知,中华人民共和国成立后,中药山楂的基源新增7种,分别为山楂、山里红、湖北山楂、辽宁山楂、甘肃山楂、华中山楂、毛山楂。

三、功效主治考

《本草经集注》最早记载了山楂的主治功效,曰:"鼠楂,……余许,煮以洗漆,多差。"《新修本草》曰:"赤爪草,……实,……汁服主利,洗头及身差疮痒。"《本草图经》曰:"彼土人用治痢疾及腰疼,皆效",首次出现治疗腰痛。《履巉岩本草》曰:"能消食",首次出现消食功效。《本草衍义补遗》曰:"山楂子,消食行结气,健胃催疮痛。治妇人儿枕痛,浓煎此药汁,入砂糖调服,立效"。

明代医家著作对山楂功效论述较多。《滇南本草》曰:"消肉积滞、下气、吞酸、积块。"《食鉴本草》曰:"化食积,行结气,健胃宽膈,消血块、气块。"《本草约言》曰:"消食积,有开胃之功;化滞血,无推荡之害。泄利用之则止已成之积,产科用之则除未去之疼,在小儿尤为要药。"《本草蒙筌》曰:"消滞血,理疮疡。"《本草征要》曰:"发小儿痘疹,理下血肠风。"《本草乘雅半偈》曰:"主瘘疮,利小便,去痰热,止渴,令人少睡,有力,悦志。"

清代著作对山楂功效论述较多,但多是在前代基础功效之上的解释发挥,亦有增加的功效。《本草汇笺》曰:"山楂克化脾土,善消肉积。凡癥瘕、血滞、产后儿枕,皆血肉之属也,故山楂能治之。"对于山楂能治水痢、疮痒等疾病,《本草经解》有相关记载。《晶珠本草》记载:"山里红治疗肺病,并且能引吐痰涎。"《本草便读》曰:"入方药走脾还胃,有消磨克化之功。走厥阴治疝气行瘀。具酸苦甘温之性。山楂味酸甘,气温。色赤,性紧。入肝脾血分。善能克化饮食。行瘀破血。因其性温入肝。故能治疝气等疾。痘疹方中用之者。以血活则肌松易于透表耳。总之山楂乃肝脾血分一种消导药耳。故又能化肉积也。"《本草再新》增加新的内容,其曰:"治脾虚湿热,消食磨积,利大小便。"《本草撮要》曰:"冻疮涂之,即愈"。

综上所述,历代医书所载山楂功用主治可以涵盖内科、外科、妇科、儿科等多个方面。经过考证可知,山楂可以治疗食积、瘀血、腰痛、痢疾、儿枕作痛、痘疹、漆疮、崩漏、疰郁、冻疮等病症。

四、证候禁忌考

山楂的使用禁忌有脾虚、气虚之人当慎用。《本草纲目》记载:"生食多令人嘈烦易饥,损齿,齿龋人尤不宜。"《本草正》记载:"肠滑者少用之。"《本草征要》记载:"胃中无积及脾虚恶食者忌服。"《神农本草经疏》记载:"脾胃虚,兼有积滞者,当与补药同施,亦不可过用。"《得配本草》记载:"气虚便溏,脾虚不食,二者禁用,服人参者忌之。"《随息居饮食谱》记载:"多食耗气,损齿易饥,空腹及羸弱人或虚病后忌之。"

第四节 山楂地理标志保护现状与发展对策

对独具地域特色的山楂进行农产品地理标志登记保护,不仅可以提升山楂公共品牌的市场竞争力,而且对各地山楂文化的挖掘、保护、传承和发扬具有重要意义。

一、我国农产品地理标志及其类型

地理标志是目前国际通行的品牌保护制度,地理标志产品因增值及溢价效应而在全球贸易领域更具竞争优势。农产品地理标志是区域特色产品中最具独特品质、声誉及人文文化的集中代表,是发展特色农业、促进农业供给侧结构性改革的重要手段,在促进区域特色经济发展、打造特色品牌、推动乡村振兴等方面具有重要作用。2020年中央一号文件《中共中央 国务院关于抓好"三农"领域重点工作确保如期实现全面小康的意见》强调,要加强农产品地理标志的认证和管理，打造知名农产品品牌，将农产品品牌建设提高到国家战略高度。通过实施农产品地理标志登记和保护，能有效实现我国农产品质量安全和品牌战略。

目前，我国地理标志保护制度包括国家知识产权局的地理标志商标（Geographical Indication，GI）、国家知识产权局的地理标志产品（Product of Geographical Indication，PGI）和农业农村部的农产品地理标志（Agro-product Geographical Indication，AGI）。其中，地理标志商标注册始于1995年，地理标志产品始于2005年，农产品地理标志登记始于2008年。目前可以申请其中1种保护，也可以同时申请3种保护。

二、我国山楂地理标志保护现状

（一）山楂地理标志商标

地理标志商标是指标示某商品来源于某地区，该商品的特定质量、信誉或其他特征，主要由该地区的自然因素或人文因素所决定的标志，其表现形式一般为"地理名称+商品通用名称"。通过申请地理标志商标，可以充分利用与保护自然资源、人文资源和地理遗产，有效促进了相关产业的发展。

根据国家知识产权局商标局和中国商标网联合发布的商标公告，目前我国共注册了14件山楂地理标志商标，时间跨度为2011—2019年。最早为2011年10月注册的青州山楂，然后是香城山楂、寺头山楂、费县山楂、博山山楂、兴隆山楂、新开岭山楂、临朐山楂、辽阳山里红、新泰甜山楂、清河山楂、晋州山楂、辉县山楂和靖西大果山楂。其中，山东7件，河北3件，辽宁2件，河南和广西各1件（表1-9）。而柏乡山楂、稷山山楂、宽城山楂、临沂黄山楂、山亭山楂、石板岩山楂、闻喜山楂、邹平山楂、绛县山楂和莱芜山楂等处于待实质审查或复审状态。

表1-9 获地理标志证明商标的山楂

商标名称	地区	申请人	申请/注册号	注册公告日期/年.月.日
青州山楂	山东	青州市山楂协会	9404265	2011.10.28
香城山楂	山东	邹城市香城镇果蔬协会	9473738	2011.12.21

（续表）

商标名称	地区	申请人	申请/注册号	注册公告日期/年.月.日
寺头山楂	山东	临朐县寺头镇山楂协会	9413632	2011.12.28
费县山楂	山东	费县山楂协会	9988012	2012.03.14
博山山楂	山东	博山区山楂产业协会	11022630	2012.12.21
兴隆山楂	河北	兴隆县林果技术研发推广中心	11340617	2013.02.21
新开岭山楂	辽宁	建昌红果种植专业协会	11232651	2013.02.28
临朐山楂	山东	临朐县辛寨镇石家峪村果品协会	12735873	2014.01.14
辽阳山里红	辽宁	辽阳市农副产品协会	12206895	2014.08.14
新泰甜山楂	山东	新泰市刘杜镇甜山楂协会	14963408	2016.09.21
清河山楂	河北	清河县山楂生产技术服务协会	23243111	2018.06.07
晋州山楂	河北	晋州市盛林山楂协会	25619785	2018.09.21
辉县山楂	河南	辉县市农产品发展交流协会	25300842	2018.10.28
靖西大果山楂	广西	靖西市水果生产办公室	27565937	2019.07.28

（二）山楂地理标志产品

地理标志产品是产自特定地域，所具有的质量、声誉或其他特性本质上取决于该产地的自然因素和人文因素，经审核批准以地理名称进行命名的产品。根据国家知识产权局（原国家质量监督检验检疫总局）发布的地理标志公告信息，目前获得地理标志产品的山楂有青州敞口山楂、兴隆山楂、德保山楂和八虎山山楂，时间跨度为2014—2017年（表1-10）。

表1-10　获地理标志产品的山楂

地理标志产品	产地	发布单位	发布日期/年.月.日	产地范围
青州敞口山楂	山东青州	国家质量监督检验检疫总局	2014.04.21	山东青州王坟镇、邵庄镇、弥河镇、王府街道现辖行政区域

（续表）

地理标志产品	产地	发布单位	发布日期/年.月.日	产地范围
兴隆山楂（兴隆红果）	河北兴隆	国家质量监督检验检疫总局	2017.01.05	河北兴隆县兴隆镇、南天门满族乡、半壁山镇、孤山子镇、八卦岭满族乡、挂兰峪镇、青松岭镇、陡子峪乡、六道河镇、上石洞乡、雾灵山乡、平安堡镇、北营房镇、李家营镇、大杖子镇、蘑菇峪镇、三道河镇、蓝旗营镇、安子岭乡、大水泉镇现辖行政区域
德保山楂	广西德保	国家质量监督检验检疫总局	2017.06.01	广西德保县现辖行政区域
八虎山山楂	辽宁法库	国家质量监督检验检疫总局	2017.06.01	辽宁法库县八虎山山脉的四家子蒙古族乡、叶茂台镇、登仕堡镇、秀水河子镇、双台子乡、包家屯镇、慈恩寺乡现辖行政区域

（三）山楂农产品地理标志

农产品地理标志是指标示农产品来源于特定地域，产品品质和相关特征主要取决于自然生态环境和历史人文因素，并以地域名称冠名的特有农产品标志。申请地理标志登记的农产品应符合以下条件：称谓由地理区域名称和农产品通用名称构成；产品有独特的品质特性或特定的生产方式；产品品质和特色主要取决于独特的自然生态环境和人文历史因素；产品有限定的生产区域范围；产地环境、产品质量符合国家强制性技术规范要求。

根据全国农产品地理标志查询系统和农业农村部发布的地理标志相关公告信息，目前取得农产品地理标志登记的山楂有9个，分别为辉县山楂、天峨大果山楂、天宝山山楂、泽州红山楂、七里坡山楂、临朐三山峪大山楂、绛县山楂、靖西大果山楂和清河山楂，时间跨度为2010—2022年（表1-11）。

表1-11 获农产品地理标志登记的山楂

产品名称	产地	产品编号	证书持有者	发布日期/年.月.日	地域保护范围
辉县山楂	河南新乡	AGI00266	辉县市创新生态林果专业合作社	2010.04.09	辉县市薄壁、上八里、黄水、南村、沙窑、南寨6个乡镇共80个行政村，生产面积15 000hm²，年总产量15万t。地理坐标为北纬35°27′~35°51′，东经113°23′~113°47′
天峨大果山楂	广西河池	AGI00297	天峨县水果生产管理局	2010.04.16	天峨县向阳镇、六排镇、岜暮乡、坡结乡、纳直乡、更新乡、八腊乡、三堡乡、下老乡9个乡镇共46个村，生产面积2 000hm²，年总产量3.6万t
天宝山山楂	山东临沂	AGI00486	平邑县天宝致富水果专业合作社	2010.12.24	平邑县地方镇境内，包括大峪沟流域、王崮山流域、甘草峪流域共22个行政村。生产面积3 000hm²，年总产量12万t。地理坐标为北纬35°18′00″~35°23′00″，东经117°44′00″~117°53′00″
泽州红山楂	山西晋城	AGI01061	泽州县晋丰源种植专业合作社	2013.04.15	泽州县的高都镇、巴公镇、下村镇、李寨乡、南岭乡等14个镇3个乡共632个行政村。生产面积2 000hm²，年总产量4.5万t。地理坐标为北纬35°12′~35°42′，东经112°31′~113°14′
七里坡山楂	山西运城	AGI01064	闻喜县半山腰山楂种植专业合作社	2013.04.15	闻喜县郭家庄镇稷王山前沿，包括七里坡、堆后、下七里坡、张樊、太平庄、蛇虎涧、石健、西川、王家庄9个行政村。生产面积1 730hm²，年总产量1万t。地理坐标为北纬35°9′38″~35°34′11″，东经110°59′33″~111°37′29″
临朐三山峪大山楂	山东潍坊	AGI01403	临朐县农民专业合作社联合会	2014.05.22	临朐县辛寨镇的西南部，东至沂山镇小关村，西至寺头镇傅家庄村，南至九山镇张家沟村，北至辛寨镇下河村，辖4个乡镇46个行政村。生产面积1万亩，年总产量3万t。地理坐标为北纬36°11′~36°23′，东经118°30′~118°43′

（续表）

产品名称	产地	产品编号	证书持有者	发布日期/年.月.日	地域保护范围
绛县山楂	山西运城	AGI01595	绛县特色农产品发展协会	2015.02.10	古绛镇、横水镇、郝庄乡、冷口乡、卫庄镇、么里镇、安峪镇、大交镇、陈村镇、南樊镇10个乡镇，生产面积8 000hm^2，年总产量40万t。地理坐标为北纬35°20′19″~35°39′28″，东经111°21′49″~111°54′19″
靖西大果山楂	广西百色	AGI02420	靖西市水果生产办公室	2018.07.03	靖西市境内的新靖镇、化峒镇、同德乡、湖润镇、岳圩镇、壬庄乡、龙邦镇、安宁乡、地州乡、录峒镇、吞盘乡、南坡乡、安德镇、龙临镇、果乐乡、新甲乡、武平镇、渠洋镇、魁圩乡19个乡镇282个行政村街，生产面积5 333hm^2，年总产量16万t。地理坐标为北纬22°51′~23°34′，东经105°56′~106°48′
清河山楂	河北邢台	AGI03456	清河县山楂生产技术服务协会	2022.02.25	清河县葛仙庄镇、谢炉镇、王官庄镇3个镇33个行政村。地理坐标为北纬37°01′30″~37°03′52″，东经115°35′05″~115°41′59″

三、山楂地理标志发展存在的主要问题

（一）产业规模相对较小，品牌影响力尚待提升

我国山楂主产区主要分布在河北、山东、辽宁、山西、河南、广西等地，相较于苹果、柑橘等大宗果品，产业规模相对较小，产业比较单一，产业链不完善。由于各地的自然条件、历史人文因素、经济发展水平及产业规模等情况不尽相同，各地山楂产业的发展水平不平衡，对山楂地理标志资源的挖掘利用不足。已有的地理标志产品的品牌影响力大多局限于本区域内，品牌效益与苹果、柑橘等大宗果品存在较大差距，品牌价值和品牌影响力有很大提升空间。如2020年中国果品区域公用品牌价值评估中，山楂品牌价值最高的费县山楂只有8.23亿元，与烟台苹果145.05亿元相差甚远；兴隆山楂

入围中国农业品牌研究中心发布的2021年中国地理标志农产品（果品）品牌声誉前100位，但仅位居94位；暂未有山楂产区入选国家地理标志产品保护示范区。

（二）地理标志使用管理不规范，未能充分发挥作用

目前，我国山楂地理标志使用管理存在不规范、不严格的问题，加之监管体系不健全，导致专用标志被滥用和冒用。部分果农为增加收益在超出地域保护范围的地区种植，从而导致果实产量、品质下降，在一定程度上破坏了地理标志产品的声誉。一些不法分子以次充好仿冒地理标志产品，消费者真假难辨，降低了地理标志产品在消费者心目中的形象。有些地区对于本地山楂特色农产品的保护意识不强，不重视地理标志的申报；而一些地方虽然注册或登记了地理标志产品，但对品牌价值的挖掘不够，普遍存在"重注册轻使用"现象，地理标志的保护和经营使用不能有机结合，未能充分发挥其积极作用。

（三）质量标准体系不完善，产品质量存在差距

地理标志产品保护的技术依据是标准化法规，然而目前我国很多地区尚未制定山楂地理标志产品的国家质量标准、行业标准或地方标准，质量标准体系不完善，缺少产前、产中、产后全产业链标准体系，不能满足地理标志产品生产和流通的实际需要。而且，由于多数山楂地理标志产品的生产主体以农户等小规模主体居多，同质竞争较大，在标准化生产、质量管控上参差不齐，导致许多山楂地理标志产品存在质量不高、特色不突出的问题，产品质量存在差距。

（四）组织化程度不高，未充分发挥行业协会作用

当前山楂地理标志产品的生产经营以分散的家庭经营为主，组织化程度不高，普遍存在生产规模小而散的问题，难以形成规模化、标准化生产，难以参与国内国际市场竞争。此外，未充分发挥行业协会在市场和农户之间的桥梁纽带作用。行业协会是介于政府、农民之间的一个重要组织，在联系农民、企业、市场和政府的过程中发挥着积极作用，是我国地理标志保护的重

要主体。但目前多数协会"有名无实",存在资源配置不合理、管理制度不完善、缺乏相关人才等问题,对地理标志产品的生产、加工、销售等各个环节缺乏必要的监督,制约了地理标志产品组织化程度的提高。

四、山楂地理标志保护的发展对策

(一)深度挖掘产业潜力,提升品牌影响力

我国山楂分布范围较广,种质资源极其丰富,潜在的山楂地理标志资源非常丰富。因此需要相关部门在全面普查种质资源的基础上深度挖掘产业潜力,针对有产业规模、发展潜力、文化基础、历史传承的区域优势山楂特色产品,建立地理标志资源库,有计划、分步骤进行山楂地理标志的培育和申报,使更多的特色山楂产品成为地理标志产品。此外,围绕特色产品和产地保护,努力打造一批特色鲜明、信誉过硬、市场认可、公众依赖的山楂地理标志品牌。各地政府借助农博会、展销会、文化节等活动和新媒体渠道,加大地理标志产品的宣传力度,以质量优供给,以品牌促消费,不断提升山楂地理标志产品的品牌价值。

(二)加大市场监督力度,规范地理标志使用

各地政府需加大市场监督力度,宣传使用地理标志产品专用标志的重要意义,积极推动和引导符合条件的企业申请并规范使用地理标志专用标志,切实提高地理标志使用效能。进一步强化政府的主导作用,完善地理标志产品产销监督体系和全程质量追溯体系,建立"地方政府+行业协会+龙头企业"多层次的监管机制。此外,强化依法管理,加强地理标志监督检查和维权保真,严厉打击地理标志产品侵权行为,切实维护地理标志产品生产经营者和消费者的合法权益,维护地理标志产品的形象。

(三)加强标准体系建设,确保产品品质和质量安全

品质是产品的核心竞争力,要加强标准体系建设,从产前、产中、产后全过程统筹考虑标准的制定和修订工作,建立健全地理标志产品全产业链标准体系;并以产品为主线,加强产地环境治理,推广绿色高效生产方式,严

格执行地理标志产品生产技术规范和质量要求，强化地理标志产品的质量管控，推进全产业链标准化生产。同时，加强对生产经营者的培训，建立质量控制追溯体系，从原料、生产、加工、贮运、流通、销售等全流程跟踪，确保产品品质和质量安全。探索建立产品分级制度，推动生产标准化、产品特色化、身份标识化、全程数字化，助推地理标志产品优质化、高端化发展，打造区域特色品牌。

（四）探索建立多种经营模式，提高组织化水平

充分发挥行业协会在地理标志注册、品牌宣传、市场推广、维权打假等方面的作用，不断完善其运行机制，实现行业协会在政府决策和生产环节间的有效对接。各级政府应在政策、资金等方面加大对地理标志产品的扶持力度，培育产业化龙头企业和生产联合体，提高组织化水平，探索"龙头企业+专业合作社+农户"等多种经营模式，引导龙头企业、合作社、行业协会、生产和销售大户等经营主体按照标准体系培育地理标志产品，形成规模化、产业化发展的产业集群。围绕延伸产业链、提升价值链，健全优化地理标志产品管理服务平台，积极探索线上线下相结合的营销新模式，拓展流通销售渠道，进一步提高地理标志产品的市场竞争力。

第二章　山楂的生物学特性及对环境条件的要求

第一节　山楂的生物学特性

一、根系

山楂的根系分布较浅，垂直根不发达，水平根较发达。根系开始活动早，一般情况下，春季地温0.5℃时就开始活动。侧根易产生不定芽，能从地下2.5cm左右处萌生根蘖，形成根蘖苗。

（一）根系的结构与分布

山楂根系在年周期中的活动，因砧木、树龄、地区不同而有差异，同时又与管理水平、树体营养状况有关。土壤肥力高的，根系生长旺盛，根系发达而伸展范围大，根系水平分布较广，垂直分布也深；地下水位高，根系的垂直分布浅，而水平根分布较远；土壤肥力低和多年不耕作的果园则根系生长弱，根量少，分布范围也小。幼树根系垂直分布较浅；初果期、盛果期较深，主要集中在20~60cm土层中。

据河北兴隆县调查，成龄树在1m土壤剖面上根系分布的大致情形是：0~10cm处由于含水量低，其根量仅占总根量的8.3%；10~60cm处根量占总根量的85.2%，为根系集中分布层；60cm以下由于土层通透性不好，结构不良，肥力低，根系更少，只占总根量的6.5%。根系的水平分布距离为枝展的2~2.5倍。了解根系的分布规律，目的是按根系水平分布与垂直分布的集中区来考虑施肥的深度和部位。

第二章 山楂的生物学特性及对环境条件的要求

（二）根系的生长发育

山楂的根系在大部分栽培区没有自然休眠，每年随土壤温度、湿度和地上部生长发育而有节奏的变化。一般表现为土壤温度15～20℃时生长旺盛；低于5℃或高于20℃时生长缓慢。据观察，山楂的吸收根在一年中有3次发根高峰，第一次高峰从发芽前20d开始，到发芽期为止；第二次发根高峰，在夏季新梢停止生长后，这一次发根密度最大；第三次发根高峰，在果实采收后，发根的时间最长，但密度最小。枝条生长与根系生长交替进行的，根系生长高峰期，正是地上部生长缓慢或生长停止期；地上部生长高峰期，则是根系生长缓慢期。

（三）根蘖的再生能力

山楂的根系常发生较多的不定芽，萌发后可产生大量的根蘖苗。根蘖苗可以移植到苗圃培育成砧木，但根蘖苗的发生和生长消耗树体营养，同时会传播病虫害，栽培时要注意除掉。

二、芽

（一）芽的类别和形态

山楂的芽依据其着生位置分为顶芽和侧芽。只有营养枝才具有顶芽，结果枝顶端为花芽，其实为侧芽，其上有一小段枯梢，称为伪顶芽。由于芽的异质性，使幼树和强旺树，中上部的芽饱满，成枝能力强；下部的芽质量差，芽体小；结果树上部的芽成花力强。

叶芽体小，略长而尖，芽内只有枝叶原始体，萌发以后长成不同类型的营养枝，中部和上部叶芽萌发率高，发生的枝条长，下部的叶芽萌发率低，枝条基部的叶芽，当年常不萌发多呈现潜伏状态，亦称隐芽。山楂树的隐芽寿命长，数年乃至十年仍有萌发能力。花芽是混合芽，芽体大，扁圆形，饱满充实，多数着生在主枝的上部。着生于枝条侧方叶腋的花芽或混合芽，称腋花芽。

山楂不同部位的芽，其鳞片不同，上部的芽鳞片数较多，向下有依次减少的趋势，顶芽一般为16～18片，下部为9～14片不等。

（二）花芽分化

山楂的花芽分化须经过原始体出现、芽鳞片的分化、雏梢的形成、花序分化、花原始体分化、萼片分化、花瓣分化、雄蕊分化和雌蕊分化等过程。

不同部位的芽其原始体出现时期不同。顶芽的原始体一般在芽的雏梢时期已形成；侧芽的原始体是芽萌发后，随着新梢的生长，在其叶腋陆续出现。萌芽后随新梢的生长，顶芽原始体周围开始分化鳞片，鳞片形成时间为35~15d。鳞片形成后，60d左右，侧芽原始体生长点的两侧开始出现叶的原始体和芽内雏梢。雏梢形成后，芽的继续分化有质的变化。当营养、激素等达到一定水平时，芽才可形成花芽；条件不适宜时则分化成叶芽。当雏梢形成6~11节时，其顶端生长点显著增厚，向上突呈高半球状，便开始花芽分化，即出现顶生花序和侧生花序的生长点突起。顶生和侧生花序生长点继续发育，便自下而上形成一个个花蕾，原始体的左右着生两个苞片。多数山楂品种的花芽分化常在此期转入越冬状态。花蕾原始体出现后，逐渐变平，在其四周出现5个突起，便是萼片的原始体。在萼片原基的内侧出现的突起是花瓣原始体。在花瓣原基内侧出现的两轮若干个突起是雄蕊原始体。在雄蕊原始基内侧中部出现的突起是雌蕊原始体。

山楂花芽分化的特殊性有3点，一是花芽分化开始晚，二是第二年春天分化进展迅速，三是山楂花芽分化需要营养物质的时期与其他部位生长发育所需营养物质的时期可相互错开。如兴隆县山楂盛果期花芽分化变化情况为，在7月下旬开始花芽分化，8月中下旬为分化高峰期，也是决定花芽数量的关键时期。花芽分化开始后，随着生长点突起膨大，几乎在同时即进入花序分化期。花序分化期短而集中，约在两周内完成。花蕾分离分化从8月下旬开始，冬季低温时期，分化速度相对缓慢。待到第二年3月下旬，气温回升到10℃左右时，花蕾才迅速分离膨大，前后历时达7个月之久。萼片分化从3月下旬开始，4月上旬基本完成。随着气温的上升，很快转入花瓣分化期，然后迅速进入雄蕊分化期和雌蕊分化期。全部花芽分化所需要时间达9个月之久。

不同枝条花芽分化的开始时间不同，短枝顶芽分化早，长枝较晚。分化结束期，各类枝条间差异不大。花芽前期分化持续时间长，后期持续时间短，如雄蕊及雌蕊分化时间仅10d左右。山楂花芽分化，8月中下旬进入高峰期,此时果实生长缓慢,枝条累积有机养分多,有利于形成大量花芽,故8月至采收前增施氮、磷、钾肥,对花芽分化、树体营养积累、第二年开花坐果均有重要作用。

三、枝

(一)枝的类别和特性

山楂树生长健壮,其枝条类型可分营养枝、结果母枝、结果枝。在生长过程中,萌芽力强,成枝力中上,层性明显。枝条极性强,先端易连年抽生分枝。隐芽寿命长,用修剪技术容易使衰老、弱树更新复壮。

1. 营养枝

只具有叶芽的枝条称营养枝。按长度分为叶丛枝(≤1cm)、短枝(1~5cm)、中枝(5~15cm)、长枝(15~30cm)、长旺枝(≥30cm)。长枝和中枝充实饱满,节间较短,表皮颜色较深,冬剪时,经过中短截可发生较长的枝,它是树体制造营养和成花的主要枝条。徒长枝也可形成长枝,但节间较长,组织不充实。

2. 结果母枝

着生有花芽的枝称为结果母枝,可分为有顶芽结果母枝和伪顶芽结果母枝。有顶芽结果母枝是由营养枝发育成的,其长度为1~100cm。伪顶芽结果母枝是由结果枝形成的,其长度为3~15cm。有顶芽结果母枝因其健壮的程度不同,一般顶芽及其以下1~15个侧芽都可分化成花芽。伪顶芽结果母枝一般在枝端着生1~3个花芽,3个以上者极少。结果母枝按其长度又可分为短母枝(<5cm)、中母枝(5~15cm)和长母枝(>15cm)3类。中母枝粗壮,成花能力强,坐果率高,连续结果年限长,可长达4~5年。

3. 结果枝

生长期由花芽生长发育形成有花序的新梢称为结果枝。结果枝的长度比较稳定,一般为5~15cm,即9~13片叶,节间较短。盛果期树,结果枝粗度在0.4cm以上,长度在8cm以上的坐果多,并且结果后,其梢下的侧芽还可形成花芽,第二年能继续结果。一个健壮的结果枝,可以连续结

3~5年。

一般管理条件下的盛果期大树,结果枝粗为0.4cm左右,超过0.5cm是树势健壮的标志,低于0.3cm是纤弱枝,多单轴延伸,当年不能形成花芽,即便是形成花芽,也是质差、花少、易落果。

(二)各类型枝条的比例关系

山楂树冠内的各种类型枝条的比例,直接关系到树势的强弱和结果能力。盛果期山楂树一般营养枝与结果枝的比例约为1:3;营养枝的长、中、短枝比例大体为1:3:6;结果母枝的长、中、短枝比例大体为1:7:2。

(三)枝条的生长

山楂枝条的生长表现为加长生长和加粗生长,这两种生长表现常由于地区、品种、树龄和栽培技术措施的影响而不同。营养枝的生长期较长,如河北兴隆县山楂枝条生长情况,一般中短枝于4月下旬开始生长,5月上中旬从花序伸长开始进入生长高峰期,此期生长量约占全部结果枝长度的90%。随着进入缓长期,持续时间约1周,即开花前5~6d停止加长生长。营养枝开始生长稍晚于结果枝,但迅速生长时间长,而且生长量大,速长期25d左右,到5月下旬开花时生长缓慢,并有大部分枝条形成顶芽,停止生长。少数旺枝,花期过后继续生长,其生长量少于速长期。6月下旬加长生长极为缓慢,以后又出现第二次生长小高峰,即长秋梢时期。营养枝和结果枝的加粗生长,在前期也是伴随着加长生长而出现生长高峰的。结果枝于7月末停止加粗生长,弱芽抽枝晚,生长量小,成为短枝。壮芽抽枝早,生长量大,多成为中长枝。

成龄树的发育枝于萌芽后开始进入旺盛生长期,随着叶片的展开和扩大,枝条的生长进入高峰期,速长期10d左右;以后进入缓慢生长期,一般持续10~15d;到盛花期前停止加长生长。枝条整个生长期持续20~25d。

随着枝条的加长而出现的加粗生长高峰,在加长生长停止后,也随之停止,以后到果实生长缓慢期又出现一次缓慢的加粗生长。成龄树上的个别旺枝到7月上旬才停止加粗生长。随着枝条的生长,枝条不断木质化,木质化的过程与枝条加粗的过程是一致的。当枝条生长变缓后,皮色开始变化,结果枝（首先是花梗，然后是枝条）和发育枝出现暗红色。此时芽的形成加快，出现明显的顶芽。这种现象以短枝表现最为明显，较长的发育枝由于生长持续时间长，皮色的变化和顶芽的形成晚而不集中，枝条停止加长生长后即开始木质化，完全木质化是在枝条生长40d后。结果母枝皮色变褐是花芽分化开始的外部形态标志。

四、叶

（一）叶的形态与生长

山楂树叶的形状有羽裂叶和全缘叶两类。无论是营养枝或结果枝上的叶，其原始体在芽内雏梢上就已经形成。芽萌发后，随枝条的加长生长，叶片便自下而上生长、成熟、脱落。山楂树叶片一般在8月中旬全部结束生长。旺盛生长期为5月中旬至5月下旬。结果枝叶片形成快，停止生长早，75d左右可全部形成。营养枝叶片的形成时间较长，需105d左右。

（二）叶幕

叶片是进行光合作用制造有机营养物质的器官。因此，叶幕的形成关系到树势的强弱和产量的高低。随着枝条的加长生长，叶片也随之进入速长期，叶面积迅速增大。叶片的生长速度因枝类的不同而有差异。各类枝在初花期前叶片基本长成，幼树叶片的生长延续时间较盛果期树梢长但其速长期仍在开花期以前。叶片生长期的延续时间与枝条的长度呈正相关。山楂的叶幕厚度过小或过大都不利于结果。过厚内部通风透光不良，不利于有机营养的积累；过薄则造成空间浪费，结果部位过少，不利于产量的增加。一般厚度以1.0m为宜，每个叶幕单位之间也应保持一定距离，一般垂直距离保持0.5m左右为宜。山楂幼龄树和初果期树，叶幕的速成期在展叶到落花后的4周左右，此期可形成叶幕的70%左右。盛果树叶幕形成速度较快，开花时，其叶幕已形成全树的75%左右。落花后全树叶幕已基本形成。营养枝的叶片总生长期为56~63d，其他长、中、短果枝和叶丛枝，叶片总生长期在32~41d，其中盛果期发育枝上叶片生长高峰期在5月2—18日，叶丛枝上叶片生长高峰期在5月4—12日，可以认为，山楂展叶快，单叶生长期短，叶面积增长快。秋季果实采收后，通过施用有机肥提高光合器官的同化功能，从而增加树体的营养积累，对加速第二年叶幕的形成、提高坐果率乃至促进花芽分化具有重要作用。

五、花、果实

（一）花器的构造

山楂花序为伞房花序，每个花序平均有花16朵，最多可达50多朵。花为两性花，大果型山楂具有雌蕊5枚（少数3枚），雄蕊20枚，分两轮排列，花药粉红色。山楂花芽是混合芽，萌发后，先抽生结果枝，花序着生在结果枝的顶端。

（二）开花和坐果

山楂为两性花，花瓣白色，花柱3~5枚，花序中间花先开，通常在开放第二天即进入盛花期。开花时间是有规律的，一般从3—5时开始开放，到8时左右全部展开，当花期遇到阴天或低温、大风时，偶尔有19—20时或延迟至第二天7时以后开放的现象。单花开放延续约2d时间，从开到全谢需3~4d，一个花序从初开到全谢需4~6d；单株或全园花期需8~10d。

山楂具有易成花、结果早的特点。山楂花序坐果率高而花朵坐果率低，山楂具有单性结实的特点，但自花结实能力低，一般为10%左右。异花授粉结实率高，如果授粉品种配置得当，结实率可达30%以上，高可达60%左右。因此栽植山楂时，必须考虑授粉树的配置，才能获得较高的产量和质量。

（三）生理落果

山楂生理落果的时间较为集中，从落花后10d左右即开始落果，高峰期出现在落花后的15~18d和24~25d。两次落果高峰间隔时间为7d左右，第一次落果占总落果数的70%以上。落果的原因除环境因素和营养因素外，不同类型结果母枝也有所不同。

（四）果实发育

山楂年生长周期为180~200d，而果实发育从开花到果实成熟需130~

160d。果实的生长从落花后10d左右开始，至硬核期之前为第一次速长期，即从6月上旬至7月上旬，持续时间为24~27d。此期细胞分裂快，果实细胞和胚细胞迅速增加而导致果实纵径和横径的急剧增长，但纵径增长大于横径。此时果实的纵径和横径已达到果实成熟期的60%~70%。从7月上旬至8月底硬核期过后为果实缓慢生长期，此期横径的增长比较稳定，纵径增长逐渐缓慢，果形指数缩小。此时果核迅速变硬，果面开始着色。9月上旬果核发育基本完成，果实开始进入第二次速长期。此期横径的增长大于纵径，果肉细胞膨大，细胞间隙增大，果肉迅速加厚，至10月中旬左右停止生长。

第二节 对环境条件的要求

山楂喜光、耐旱、不耐涝，适应性强。对土壤要求不高，土层深厚、肥沃疏松、排水良好、有机质含量高、酸碱适中、地下水位低的土壤利于山楂生长发育和结果。绝大多数山楂园建立在山坡、丘陵、沙荒、河滩上。因此，普遍存在坡度大、土层较薄、土壤瘠薄、结构不良、保水保肥能力差、缺少水源等诸多问题。具体而言，立地条件相对较差，土壤有机质含量较低，绝大多数在1%以下。土壤质地过黏或过沙、无结构、土层浅薄，部分地区果园土壤含盐分或盐碱量过高。树体的生长表现，大多数生长弱、生长慢、结果晚、产量低、品质差，有时甚至成为"小老树"。一方面是由于果园土壤条件基础差，发展过快；另一方面是没有采取相关栽培技术措施。

一、温度

我国栽培山楂主产区的年平均气温为4.7~15.6℃，以11~14℃的地区为最好。山楂能耐最低温度为-41.2℃，一般适应于-20~-15℃的严寒；能耐最高温度为43.2℃，一般适应40℃左右的高温。山楂多分布在年积温为3 000~4 500℃的地区。山楂年周期中生长期有190~230d，其余为休眠期。山楂萌芽抽枝的月平均气温为13℃左右，果实发育要求月平均气温为20~28℃，最适温度为25~27℃。

二、光照

山楂是喜光树种，光照时间的长短、光照的强弱等都直接影响山楂的产量和质量。树体光照条件的优劣除受地理位置、立地条件、季节、每天的时间差异及天气状况等影响外，还与树体结构及栽培管理措施等有密切关系。据测定表明，树冠不同部位的叶片对光能的利用率明显不同，内膛光照条件差，叶片的光合作用仅是外围受光叶片的10%。实验还表明，树冠不同部位因光照条件不同，结果枝数量和花果数量及质量也有显著差异。树冠外围光照度高，着生的结果枝数量和果数多，果实也大。

三、土壤质地与肥力

适于果树生长的立地条件是土壤质地为沙壤至轻壤土，pH值6.5~7.5，有机质含量在1.5%以上。根系土壤的熟化层应在40~60cm，且土壤呈水稳性或非水稳性团粒结构，无盐碱危害，不含有害的重金属元素（如铅、汞等）。山楂对土壤适应性强，在山地、丘陵地、平坦地都能生长，对土壤酸碱度适应范围较广，酸至微碱性均适合山楂生长，以土层深厚、肥沃、排水良好的沙质壤土上生长最好，而在黏重土壤、盐碱地上生长较差。若地势过于低洼，土壤含水量过大，生长旺，结果较差，且病虫害严重。

（一）土壤类型与质地

据费县果茶服务中心观察，山楂生长在黄黏土地时，根系水平分布在5~40cm的土层内，而沙地则是在5~50cm的土层内。黏土根系分布浅而集中，壤土根系分布深而均匀。山东胶东产区为棕壤土，山东中南部产区为砾质土或砾质沙壤土。在沙壤及深厚肥沃的土壤上，生长发育良好、长势旺盛、植株高大、寿命长、产量高。反之，则生长不良，出现早衰。

（二）土层厚度

土层厚度关系到山楂树体的生长发育和产量。土层厚的新梢长度、粗度、百叶重、坐果率、单果重与单株产量均优于土层薄的。土壤的厚度与山楂的抗旱性有一定的关系。土层厚度超过100cm时种植山楂是比较安全的，土层厚度在100cm以下，如果没有灌溉条件，大旱之年山楂将会受到旱灾的危害。

四、海拔高度与果园坡度

山区建山楂园海拔高度一般应在500m以下，500m以上虽温度适宜，但坡陡、土层薄、管理不便。就地势而言，以具有一定坡度、光照良好的浅山、丘陵地适于山楂的生长。在山地和丘陵地带建园，坡度不宜过大，通常以5°~15°为宜，最大不应超过20°，以3°~5°的缓坡地最好。由于山楂是较喜光的树种，因此阳坡比阴坡更有利于生长和结果。而目前山区所分布的山楂多在阴坡，其原因是：目前各主产区阳坡由于阳光充足，温度高，蒸发量大，水分少而造成植被覆盖率较低，故水土流失严重，造成缺水少土的不良条件，而在阴坡则具有与阳坡相反的条件，土层较厚，土壤含水量高，营养状况良好，枝干日灼病较轻，自然形成了有利于山楂生长发育的环境。山楂具有一定的耐瘠薄能力，但在土层深厚和土层肥沃的土地上生长和结果则更好些。

五、降水与耐旱能力

一般来说，年降水量为500mm以上的地区基本可以满足山楂对水分的需求。山楂虽然耐旱，但其耐旱性是有一定限度的，在生长发育期过于干旱也会导致旱害甚至死树。有的地区降水量分布不均衡，春季缺雨干旱，需在干旱季节进行灌水或采用节水栽培措施。一般认为，适宜山楂生长发育的土壤相对含水量为60%~80%。在年降水量为600~800mm的条件下，土层深厚，在采取覆盖等保墒措施的情况下靠自然降雨，可基本满足中等产量水平的山楂树生长结果的需要，但要创高产园，必须进行灌溉，尤其要注重春季、夏初新梢生长和开花坐果期的水分供应。

山楂园可耐短时期积水，但地下水位较高或长期积水，会造成山楂积水涝害，严重时会导致树体死亡。山楂受涝害严重时，叶片变黄、早期落叶，第二年不发芽，根系坏死变褐。受害较重的，第二年可发芽，但叶片、花序逐渐枯死，大部分根坏死；受害较轻的，第二年能发芽抽枝，但叶小、发黄、叶片边缘局部坏死呈褐色,下层根系坏死。因此,在低洼易涝、山坡脚下、土壤黏重的山楂园,应注意排水,防止涝害。

　　山楂对土壤水分的变化适应能力强,具有较强的耐旱性。山楂的耐旱性有3个特征,一是根系较发达。栽培山楂多采用嫁接繁育而成。其中以羽裂山楂为砧木的根系发达,根系最多且分布范围广,水平分布一般可达树体冠幅投影面积的2~5倍。侧根多分布在地表下50cm以内,以20~40cm的土层中分布最多,在深翻过的壤土或沙壤土中,最深达1.2~1.5m。由于根系发达,可从广阔的土壤中吸取水分。二是具有耐旱的叶片。山楂的叶片具有明显的耐旱性状,叶片有多处裂刻,叶表皮细胞下有1个空腔层。海绵组织的细胞空隙较大,叶表面的气孔较小并有较发达的角质层。三是具有耐旱的生理特性。同等条件下,与苹果、桃、梨、核桃、李相比,山楂叶片组织的水势较低,意味着对管胞、木质部导管的吸水力强,向大气蒸腾扩散的水分少,故山楂的耐旱性强于苹果、梨和桃。

第三章 山楂种质资源与优良品种

山楂属（*Crataegus* L.）属于蔷薇科（Rosaceae）苹果亚科（Maloideae），原产于我国。我国山楂种质资源丰富，栽培历史悠久，实现山楂种质创新与育种的新突破，既有重要意义，又有现实基础。

第一节 山楂种质资源概况

一、山楂属植物分类

山楂属植物传统分类主要是依据形态学特征，但随着对山楂属植物分类研究的不断深入，人们发现属内存在不少同物异名的种类，且许多研究证明山楂属植物普遍存在多倍化现象、无融合生殖和基因渗入，致使山楂属分类更加困难。随着现代生物技术的发展，先进的分子标记技术可为山楂属植物的分类鉴定提供可靠途径。

根据山楂属植物叶片形状、叶边缘有无叶裂与叶裂深浅、花序被毛与否及毛的多少、果实颜色、小核数量、小核内面两侧平滑与否或有无凹痕，国外一些学者在20世纪中期对山楂属植物进行分组研究。目前比较认同的结果是将山楂属分为25个组，中国现有6个组18个种，即羽裂组的山楂（*C. pinnatifida* Bge.）和伏山楂（*C. brettschneideri* Schneid）2种，浅裂组的云南山楂、湖北山楂、陕西山楂3种，楔形组的楔叶山楂和山东山楂2种，毛序组的华中山楂、滇西山楂、橘红山楂3种，麻核组的毛山楂、辽宁山楂、光叶山楂、中甸山楂、甘肃山楂、阿尔泰山楂、裂叶山楂7种，以及光核组的准噶尔山楂1种。

关于中国山楂属植物种的记录，《中国植物志》第36卷记载中国山楂属植物的种类有16个种和2个变种，而在《中国果树志·山楂卷》中记载原产中国山楂属植物有18个种和6个变种，在《中国作物及其野生近缘植物·果树卷》里则增加了北票山楂（*C. beipiaogensis* Tung et X. J. Tian）、虾夷山楂（*C. jozanz* Schneld）、福建山楂（*C. tang-chungchangii* Matcalf.）、黄果山楂（*C. wattiana* Hemsl. et Lace）、绿肉山楂（*C. chlorosarca* Maxim.）5个种和重瓣野山楂（*C. cuneata* Sieb. et Zucc f. *plcniflora* S. X. Qian）新变型（表3-1）。

表3-1 我国山楂属植物种类及分布

种名	分布的省（区、市）数量	分布的省（区、市）名称
羽裂山楂	16	黑龙江、吉林、辽宁、内蒙古、河北、北京、天津、山东、山西、河南、安徽、陕西、江苏、青海、甘肃、宁夏
伏山楂	2	吉林、辽宁
云南山楂	4	云南、贵州、广西、四川
湖北山楂	15	湖北、湖南、安徽、山西、河南、江西、江苏、浙江、广东、云南、贵州、重庆、四川、陕西、甘肃
野山楂	19	湖北、湖南、安徽、江西、山东、山西、河南、江苏、上海、浙江、福建、广东、广西、云南、贵州、四川、重庆、陕西、新疆
陕西山楂	3	陕西、山西、甘肃
山东山楂	1	山东
华中山楂	12	湖北、安徽、江西、山西、河南、浙江、贵州、重庆、四川、陕西、甘肃、西藏
滇西山楂	3	云南、贵州、四川
中甸山楂	2	云南、江西
橘红山楂	5	河北、内蒙古、山西、河南、甘肃
毛山楂	9	黑龙江、吉林、内蒙古、河北、山西、湖北、四川、陕西、宁夏
辽宁山楂	10	黑龙江、吉林、辽宁、内蒙古、河北、山西、河南、贵州、四川、新疆
光叶山楂	5	黑龙江、吉林、内蒙古、河北、山西
北票山楂	1	辽宁
光萼山楂	1	河北

（续表）

种名	分布的省（区、市）数量	分布的省（区、市）名称
甘肃山楂	9	河北、北京、山西、河南、陕西、四川、甘肃、青海、宁夏
阿尔泰山楂	2	新疆、四川
裂叶山楂	3	内蒙古、山西、新疆
准噶尔山楂	1	新疆

伏山楂（*C. brettschneideri* Schneid.）与山楂（*C. pinnatifida* Bge.）植株在形态上非常近似，对于伏山楂的分类地位仍存在一些争议，有人认为伏山楂为山楂的一个变种。而基于过氧化物同工酶酶谱结果，在植物学分类上伏山楂是在长期自然演化过程中形成与山楂亲缘关系较近的一个新种，但在园艺学分类上，宜将其归属在山楂系统下（赵焕谆和丰宝田，1996；董文轩，2015）。

二、山楂属种质资源收集与评价

我国山楂栽培历史久远，山楂属植物资源研究也受到广泛重视。1979—1984年，由中国农业科学院特产研究所主持，组成全国山楂资源考察组，先后3次集中考察了东北、华北及云南和新疆等山楂产区，基本查清了中国山楂属植物种类和品种资源，发现了一批稀有珍贵的山楂资源，发掘了一批大果山楂优良品种。沈阳农业大学于1979年开始筹建山楂种质资源保存圃，于1982年完成建圃工作，1994年被农业部正式命名为"国家果树种质沈阳山楂圃"，现收集保存山楂资源460余份。中国农业科学院特产研究所、北京市农林科学院林业果树研究所、山东省果树研究所等单位也先后建立了山楂资源保存圃或引种圃。

为使山楂种质资源研究标准化、规范化和系统化，沈阳农业大学果树学科于1986年编制了《山楂种质资源描述符》，并收入《果树种质资源描述符》。通过对山楂性状描述系统和品种学进行深入研究，景士西在全国资源考察的基础上，参照国际植物遗传资源研究所（International Plant Genetic Resources Institute，IPGRI）种质资源描述规范，重新编制完成《山楂种质资源描述评价系统》，并收入《中国果树志·山楂卷》。1995年，IPGRI将该描述系统推荐于国际应用，这是我国第一个与国际接轨并被国际承认的果树种质资源描述评价系统。在国家自然科技资源共享平台项目资助下起草制定了《山楂种质资源描述规范》（NY/T 2928—2016）。为了使山楂种质资源研究标准化、规范化和系统化，沈阳农业大学等单位起草制定了《农作物种质资源鉴定评价技术规范　山楂》（NY/T 2325—2013）；为了规范山楂属植物新品种的测试标准，北京林业大学起草制定了《植物新品种特异性、一致性、稳定性测试指南　山楂属》（LY/T 3208—2020）。

沈阳农业大学山楂课题组除了对收集的山楂属植物资源进行植物学性状和生物学性状鉴定外，还进行了染色体数目、花粉形态与同工酶研究，发现原产于中国的准噶尔山楂（*C. songarica* K. Koch）为四倍体，并在大果山楂的栽培品种中鉴定出一些三倍体类型。在全国山楂资源考察之后，其他地区也进行了地方山楂资源调查，如内蒙古山楂资源考察发现野生山楂种质资源5个种，11个栽培品种；陕西野生山楂种质资源调查，初步查清在陕西分布的野生山楂种质资源有7个种和1个变种；云南通海县山楂种质资源调查发现云南山楂和大果山楂两类，果皮颜色有白色、黄色和红色；山东沂蒙山区在山楂品种资源调查的基础上，筛选出17个各具特色的优良品种。

三、山楂种质资源鉴定与分类研究

（一）山楂染色体倍性研究

宋文芹等（1985）报道了我国山楂属8个种和40个栽培品种的染色体数目，发现辽宁山楂和阿尔泰山楂为四倍体，栽培品种中伏山楂、磨盘山楂为三倍体。张育明等（1986）研究认为辽宁山楂、磨盘山楂为三倍体，过氧化物酶（POD）同工酶的差异可以为山楂品种的系统分类提供证据。蒲富慎等（1987）对我国山楂属4个种和13个栽培品种的染色体数目进行了观察，发现准噶尔山楂和毛山楂为四倍体种，费县大金星山楂和小面球山楂为三倍体品种。郭太君等（1989）从我国北方山楂63个品种中鉴定了6个四倍体（左伏1号至5号、伏83-1-1）和8个三倍体（敞口、红瓤绵、白瓤绵、磨盘、大旺、马刚早红、吉伏1号、吉伏2号）。辛孝贵（1991）发现准噶尔山楂、益都敞口为四倍体，白瓤绵、红瓤绵、晋县大山楂、左伏1号、左伏2号为三倍体。张育明和辛孝贵（1996）发现辽宁山楂、晋县大山楂、磨盘、红瓤绵、白瓤绵、左伏1号、左伏2号为三倍体，阿尔泰山楂、准噶尔山楂、益都敞口为四倍体。崔金鑫等（2016）利用流式细胞仪鉴定了25份山楂种质资源的倍性，其中6份材料与前人的鉴定结果不同，如双红、磨盘为混倍体，白瓤绵、雾灵红、益都敞口、大旺为二倍体，原因可能是因同名异物导致研究材料一致性所致。代红艳等（2012）利用秋水仙碱对山楂成熟胚进行离体多倍体诱导，检测的67个再生植株中有3个四倍体，建立了山楂多倍体离体诱导体系，为培育山楂多倍体品种奠定了基础。谭茵茵等（2010）通过石蜡切片定期观察不同倍性山楂资源（二倍体山东红面楂、三倍体磨盘山楂）种仁率的变化，对山楂胚胎发育过程特性进行了分析，得到了不同倍性山楂种仁率的动态变化规律，在自然授粉条件下，2份资源的种仁率均呈下降趋势，磨盘山楂的种仁率明显低于山东红面楂。

（二）山楂亲缘关系与遗传多样性研究

姜英林和董文轩（2009）通过对28份山楂种质资源的24个数值性状和10个二元性状的调查，研究了山楂种质资源的表型多样性。结果表明，在9个数值性状（包括一年生枝长度、花序坐果率、花朵坐果率、果实大小、果肉硬度、维生素C含量、可溶性糖含量、可滴定酸含量和种仁率等）上存在显著差异，但在雄蕊数量、花冠大小和可食率上变异系数不明显。进一步的聚类分析发现，黑果绿肉、野生小山里红与其他资源的显著性差异较大，在距离系数3.86时可将26份资源分为软籽山楂、伏山楂（4份）和大果山楂变种（21份）3个亚类。高书燕等（2011）以30份辽宁山楂资源为试材，通过形态指标法进行辽宁山楂资源微核心种质研究，获得了秋金星、桓仁向阳山楂、牛心台1号、辽阳紫肉、鞍山紫肉、寒丰、铁岭山楂、西丰红8份核心种质资源。赵玉辉等（2014b）以原产于中国的山楂种内83份资源为试材，研究了种核性状与果实性状的相关性，结果表明种仁率、百核重和种核特征遗传变异较大，可作为山楂分类的主要性状。Su et al.（2015）基于15个果实性状评价数据，对沈阳国家种质资源库106份山楂种质资源进行遗传多样性和主成分分析。结果表明，山楂果实性状遗传多样性存在差异。在15个性状中，果实形状变异系数最为明显，其次是果皮状态、果点颜色、风味、单果重、萼片姿态、花梗形态、果梗性状，主成分分析表明这些性状是影响山楂果实性状的最大因素。赵玉辉等（2014c）以8个种135份山楂种质资源为试材，研究了山楂属种质资源叶片总黄酮含量及遗传多样性水平。结果表明，山楂属资源黄酮含量具有丰富的变异，变异系数为57.1%，其变幅为0.25%~11.65%。

同工酶技术最早用于山楂分类和亲缘关系研究，郭太君等（1991）对部分山楂资源的过氧化物同工酶酶谱进行标记，认为在园艺学分类上宜将山楂分为大山楂、伏山楂、秋山楂、黄果山楂和软籽山楂5个品种群，伏山楂可能是与山楂近缘的新种，黄果山楂是山楂的一个变种。张茂君（1991）用聚丙烯酰胺凝胶电泳技术对11个野生种山楂进行多种酶的分析测定，结果表明，过氧化物酶和细胞色素氧化酶均能将供试的野生山楂鉴别开来。

之后，分子标记技术在山楂品种鉴别、遗传多样性分析及起源演化过程中被广泛应用。代红艳等（2007）建立和优化了山楂ISSR分析体系，筛选出了10个适宜山楂遗传分析的ISSR引物，首次利用RAPD和ISSR标记对35份山楂资源进行了DNA多态性分析，并利用UPGMA分别构建了35份山楂资源的聚类树状图，表明山楂属植物存在较高的遗传多样性。吴菲菲等（2008）利用cpDNA PCR-RFLP标记分析了8个山楂种的39份种质资源的亲缘关系，认为山楂属种间存在较丰富的cpDNA PCR-RFLP多态性，其中麻核组的甘肃山楂、光叶山楂、毛山楂、辽宁山楂和羽裂组的伏山楂的cpDNA PCR-RFLP标记完全相同，但麻核组的阿尔泰山楂与其他山楂种的亲缘关系较远，伏山楂很可能是山楂的一个新种而非变种。韩晓颖等（2009）利用ISSR标记对59份山楂材料进行遗传多样性分析，认为伏山楂与山楂亲缘关系较近，可能为山楂属的一个独立种。冯海霞等（2009）采用RAPD技术对20个不同品种的山楂材料进行了多态性分析，结果表明实生山楂与其他山楂的亲缘关系较远。赵玉辉等（2014a）利用SRAP标记研究了山楂种质资源遗传多样性，结果显示，每对SRAP引物组合产生8~20条谱带，其中多态性条带占总带数的84.83%；57份种质的相似系数在0.66~0.92。聚类分析显示，在相似系数为0.748处57份山楂种质资源被划分为4个类群，并且来源地相同的品种间亲缘关系较密切。张枭等（2021）利用14对SSR引物构建了

48份山楂种质资源的分子身份证，为山楂种质资源的鉴定和保护提供理论依据。Du et al.（2019）首次利用SLAF-seq分析了来自中国本土的7个山楂类群和外来山楂类群（2个来自欧洲，1个来自北美洲）的53个材料，研究山楂的进化和系统发育关系。结果表明，7个中国山楂类群经历了两个独立的物种形成事件。沿西南路线进化的物种与欧洲物种共享基因库，而沿东北路线进化的物种与北美物种共享基因库。东北山楂物种与北美鸡距山楂（*C. crus-galli*）共享一个基因库，上述结果提供了有关中国山楂起源的宝贵信息。Ma et al.（2019）从转录组数据中开发了大量山楂的EST-SSR标记，最终选择了33对EST-SSR引物对中国不同地理区域收集的70份材料进行多态性分析，通过UPGMA聚类分析将中国山楂品种分为两个主要集群，为山楂种质资源的鉴定、分类和创新研究奠定了基础。马苏力娅（2019）从形态学、细胞学、DNA分子标记3个层面对山楂品种的遗传多样性进行了评价，根据转录组结果筛选出24对多态性较高的SSR引物，成功构建了84份山楂品种的DNA分子身份证，研制完成了我国山楂属植物新品种DUS测试指南和已知品种数据库，为山楂品种资源的鉴定、评价和利用提供了科学依据。

吴静妍等（2021）以极具观赏价值的山楂资源为试材建立了山楂快繁体系，生根率达85.18%。Dai et al.（2013）利用RNA-Seq技术揭示了软内果皮和硬内果皮山楂之间差异表达的基因，为山楂软内果皮形成的分子机制提供了重要的见解。转录组分析和超微结构观察表明，山楂果实软化是由于纤维素/半纤维素的降解（Xu et al. 2016）。为了解杂色山楂花中的差异表达基因，Ji et al.（2019）对不同发育阶段的白色和粉色花进行了转录组分析和实时定量PCR验证，为揭示山楂花色杂色的遗传机制提供了基本的序列信息。通过对中国山楂的转录组学分析，鉴定出208种可能参与多酚化合物生物合成途径的候选基因，并鉴定了大量的SSRs，有助于揭示多酚化合物生物合成的分子机制以及山楂种群多态性的鉴定（Yang et al.，2015）。吴君贤等（2021）利用高通量测序技术对不同发育时期的山楂果实进行转录组测序分析，并克隆了三萜合成关键酶基因*SQE*，为进一步挖掘山楂功能成分生物合成过程中的关键基因，解析调控其功能成分生物合成途径奠定了基础。Zhao et al.（2017）采用2b-RAD测序方法，对两个山楂品种秋金星和大绵球及其107个杂交后代构建了第一个高密度山楂遗传连锁图谱，并在10个连锁群中鉴定出21个与类黄酮含量相关的QTL，为山楂种质中重要性状的精细QTL定位和标记辅助选择奠定了基础。赵一迪（2020）研究了山楂叶片黄酮含量生长季的动态变化，并进行了关键时期QTL定位分析，在2018年和2019年山东大绵球×秋金星的F_1代杂交群体中分别获得10个和29个与叶片黄酮含量相关的QTL位点，在2019年山东大绵球×新宾软籽的F_1杂交群体中共获得10个相关的QTL位点，为山楂分子标记辅助育种以及对黄酮含量相关基因的定位及克隆奠定基础。

He et al.（2020）对山楂叶绿体cp基因组进行了测序并与蔷薇科其他物种进行系统发育分析，结果表明，山楂完整cp基因组为159 898bp，包含两个短的反向重复区域（26 540bp），由一个小的单拷贝区域（19 219bp）和一个大的单拷贝区域（87 599bp）分隔。cp基因组编码109个独特基因，包括75个蛋白质编码基因、30个转移RNA基因和4个核糖体RNA基因。系统发育分析表明，山楂与枇杷属、花楸属、梨属、苹果属和木瓜属关系密切。Wu et al.（2021）基于完整叶绿体基因组对5个山楂属物种进行鉴定和系统发育分析，结果表明，5个山楂属物种的叶绿体基因组具有保守的基因组结构，完整的叶绿体基因组序列比高可变区更适合山楂物种的鉴定和系统发育分析。Hu et al.（2021）对3个中国山楂栽培种和一个近缘种的叶绿体基因组进行了测序和组装，基于叶绿体全基因组测序数据，揭示了中国栽培山楂的系统发育关系，并证明伏山楂（*C. brettschneideri*）是一种独特的山楂属物种，为今后山楂种群遗传学、物种鉴定和保护奠定了基础。董宁光团队采用高通量测序方法分别对毛山楂、湖北山楂进行了完整叶绿体基因组测序。结果表明，毛山楂叶绿体基因组长度为159 607bp，由一个大的单拷贝区域（87 601bp）和一个小的单拷贝区域（19 312bp）组成，由一对反向重复序列区域分开；共包含114个独特的基因，包括80个蛋白质编码基因、30个tRNA基因和4个rRNA基因。湖北山楂叶绿体基因组为159 766bp，包含一对26 385bp的反向重复区域、一个87 852bp的大单拷贝区域和一个19 144bp的小单拷贝区域；包含112个不同的基因，包括78个蛋白质编码基因、30个tRNA基因和4个rRNA基因。系统发育分析表明，毛山楂与苹果亚科的欧芹山楂（*C. marshallii*）亲缘关系密切，湖北山楂与甘肃山楂（*C. kansuensis*）和欧芹山楂（*C. marshallii*）亲缘关系密切。为山楂物种的进化、分子育种和系统发育分析提供了宝贵见解（Hu et al.，2021；Zheng et al.，2021）。甘肃山楂完整叶绿体基因组长度为159 865bp，包括两个26 384bp的反向重复序列，分别由87 815bp和19 282bp的大单拷贝和小单拷贝分开；包含113个基因，其中79个蛋白质编码基因、30个tRNA基因和4个rRNA基因。系统发育分析表明，甘肃山楂与中甸山楂（*C. chungtienensis*）和欧芹山楂（*C. marshallii*）有着密切的亲缘关系（Zhang et al.，2020）。

（三）山楂种质资源的创新利用与品种选育

山楂新品种选育主要从栽培种或农家品种中选出。赵焕谆和丰宝田（1996）在《中国果树志·山楂卷》收载了142份有代表性的山楂品种资源，其中农家品种占64.8%，育成品种占14.2%，优良品系或类型占31.0%。在调查山楂种质资源的同时，开展了山楂的品种选育工作，主要集中在山楂野生资源种类和优良株系的筛选上。20世纪70—80年代选出了众多优良品种，包含鲜食型、两用型、抗逆型、特色型、特殊色彩型等，90年代后逐渐减少。各地筛选出一些著名的地方品种用于生产，如大金星、大绵球、豫北红、辽红、西丰红、歪把红、磨盘、益都敞口、大山里红、晋县大山楂、中田大山楂等；部分实生选育品种如天宝红、沂蒙红等，果实品质和抗性表现较好。

山楂杂交育种工作进展困难，尚无杂交方法选育的品种，这可能与大部分山楂果实种子含仁率极低或者几乎没有种仁有关（杨明霞等，2018）。潘玉霞等（2008）以27个山楂品种为母本，36个山楂品种为父本，配置了85个杂交组合，结果表明，山楂平均自交坐果率为27.05%，但自交种仁率平均仅为5.21%；山楂坐果率和种仁率显著相关，不同品种杂交组合之间的坐果率和种仁率差异较大，认为杂交亲本筛选是山楂杂交育种的前提和基础。李月梅（2011）的研究表明，山楂品种自交不亲和的机制是配子体自交不亲和类型，并获得了坐果率、种仁率较高的杂交亲和的杂交组合，证明了杂交育种工作的可行性。张吉军等（2012）利用S-RNase基因序列研究了山楂品种间的杂交亲和性，对21个山楂品种的DNA进行PCR扩增后测序，根据S-RNase基因序列进行聚类分析，从而推测山楂品种的杂交亲和关系，并利用田间杂交实验进行验证。崔金鑫（2016）调查了不同组合山楂杂交后代的果皮颜色、果实大小、果肉颜色、果实糖酸含量及山楂叶斑病抗性等性状的遗传变异趋势，对山楂杂交育种具有一定的参考意义。张烘维（2019）对山东大绵球×大黄面楂的27株杂交后代果皮颜色的变异规律及果皮花青素含量进行了初步研究，对山楂杂交育种具有一定的参考意义。王宁宁（2021）以山东大绵球和秋金星作为亲本，杂交得到700多株杂交后代，从中筛选得到10个具有不同性状的优系。

辐射育种也是常用的育种手段之一，但由于辐射材料成活率较低，产生的新种质较少。杨玉梅等（1984）选用辽红、磨盘山楂的成熟种胚进行种胚培养后，用$^{60}Co-\gamma$射线辐照处理试管苗并成功将试管苗高接至山楂初结果树上。阎安泉等（1991）将山楂的休眠芽条经$^{60}Co-\gamma$射线辐照后，嫁接成活率随剂量增高而下降，并产生不同程度的形态变异，获得了明显优异的突变类型。张德民和王洪庆（1991）用$^{60}Co-\gamma$射线辐射山楂试管苗，最佳诱变剂量为3KR-4KR，明显抑制山楂试管苗的生长及增殖，并造成当代苗叶子形状的多种畸形变异。唐仁敬（1992）用$^{60}Co-\gamma$辐照山楂枝芽进行诱变，剂量以3 000～4 000伦琴较为适宜，获得了一些枝条变短、果实着色早、成熟早、耐贮藏的有益突变类型。李雅志等（1993）通过$^{60}Co-\gamma$射线辐照山楂萌动的一年生枝和一年生苗木，筛选出了大果型、短枝丰产型及短果柄观赏型的几个优良突变系。孟庆杰和王光全（2000）采用一年生休眠山楂枝芽通过$^{60}Co-\gamma$辐射诱变方法，从变异单系中筛选出了大果、高糖、高维生素C、宜鲜食的山楂新品种辐毛红。李永泽和闫安泉（2000）利用$^{60}Co-\gamma$射线辐射敞口山楂休眠枝芽，诱变培育出成熟早、果色艳丽、高糖低酸、高维生素C的鲜食品种辐早甜。杨青等（2016）用γ射线照射秤星红山楂的一年生休眠枝芽，诱变选育出果个大、色泽紫红、风味浓郁、极耐贮藏的山楂新品种辐泉红。

第二节　山楂优良品种

一、大果山楂系统

1. 大金星

山东临沂、潍坊和泰安等地的主栽品种。果实阔倒卵圆形，平均单果重

16g，最大单果重19g，大小整齐。果皮为深红色或紫红色，果点大而密，黄褐色。果肉为绿白色，散生红色斑点，味酸稍甜，肉质细硬。果实含可溶性糖11.35%，可滴定酸3.57%，维生素C含量68.0mg/100g。中、长枝成花力强。自交亲和力低，自交亲和率5.5%，自然授粉坐果率52.9%，花序平均坐果数8.8个，最多坐果16个。果树连续结果能力强。在鲁中山地4月中旬萌芽，5月上旬始花，10月中旬果实成熟。该品种果实大，丰产稳产，果实品质中上，适于入药和加工利用。

2. 敞口

山东鲁中山区主栽的地方品种，青州、临朐栽培较多。果实扁圆形，平均单果重10.1g，最大单果重17g。果皮深红色，果点较大而密，黄褐色。萼片开张反卷，萼筒大，漏斗形，故有"敞口"之名。果肉绿白色，散生有红色斑点，肉质较细硬，味酸稍甜，果实含可溶性糖9.76%，可滴定酸3.26%，维生素C含量56.7mg/100g。自交亲和力很低，自交亲和率为6.5%，自然授粉坐果率57.4%，花序坐果数平均为7个。果枝连续结果能力强。定植3~4年开始结果。原产地4月上旬萌芽，5月上旬始花，10月上旬果实成熟。该品种适应性强，丰产稳产，果实品质中上，适于加工和入药，特别适合加工山楂干片。

3. 大绵球

山东临沂、费县、平邑等地栽培的地方品种。果实扁圆形，平均单果重10.5g，最大单果重18g。果皮橙红色，果点较大，稍突出果面。果肉为橙黄色或浅黄色，甜酸适口，肉质较松软，贮藏期90d左右。果实含可溶性糖8.16%，可滴定酸3.06%，维生素C含量59.4mg/100g。自交亲和力很低，自交亲和率4.3%，自然授粉坐果率58.2%，花序坐果数平均为10个。果枝连续结果能力强。定植3~4年开始结果。原产地3月下旬萌芽，4月下旬始花，9月中下旬果实成熟。该品种适应性强，抗白粉病和花腐病。丰产稳产，中熟，果实品质上，适于鲜食和加工利用，加工果脯、果茶质量俱佳。

4. 歪把红

山东平邑、费县、临沂、蒙阴等地栽培的地方品种。果实倒卵圆形，肩部较瘦，顶部较肥大，果梗基部一侧着生较肥大的红色肉瘤，使果梗歪生。

平均单果重11.2g。果皮深红色，蜡质较厚，有光泽。果肉乳白色，肉质细密较绵，味酸爽口。果实含可溶性糖9.5%，可滴定酸3.02%。枝条短粗，节间平均长度2.3cm。自然授粉坐果率达65%，花序坐果数多，平均为9.3个。果枝连续结果能力强。定植3~4年开始结果。原产地3月下旬萌芽，5月上旬始花，10月中旬果实成熟。该品种树冠较紧凑，易早期丰产。果实可鲜食、加工、制干和入药。

5. 大五棱

又名五棱红，果实倒卵圆形，平均单果重16.6g，最大单果重23.7g，果实顶端萼部呈明显的五棱状。果皮为大红色，平滑光洁。果肉粉红色，质地细密，味酸适口，富有香气。果实含可溶性糖8.9%，可滴定酸2.35%，维生素C含量51.0mg/100g。该品种果枝连续结果能力强，为4~5年，花序平均坐果数4.36个，自然授粉花朵坐果率20.42%，配置长把红等品种为授粉树，坐果率可提高到30%以上。原产地5月初始花，10月上旬果实成熟，果实耐贮藏。该品种适应性强，耐旱，抗花腐病。

6. 沂蒙红

果实扁圆形，果实纵径2.34cm，横径3.12cm，平均单果重19.7g，最大单果重27.3g。果实顶端萼筒大，萼片卵状披针形，半开张反卷。果皮深红色，颜色鲜艳，果面光滑，富光泽。果肉乳白色，质地致密，风味酸甜浓郁，可溶性糖含量8.85%，可滴定酸含量2.15%，维生素C含量0.67mg/g。果实耐贮藏，在5~8℃条件下用聚乙烯塑料袋包装可存放4个月以上。在山东临沂地区，3月下旬萌芽，4月末至5月初始花，5月上中旬为新梢速长期，8月下旬果实开始着色，10月上中旬果实成熟，11月中旬落叶。具有抗病性强及早果、丰产等特点，抗山楂花腐病，较抗山楂白粉病。

7. 蒙山红

甜红子芽变，在山东省平邑县将沟村山楂园发现，2010年通过山东省农作物品种审定委员会审定。果实扁圆形，纵径2.02cm，横径2.70cm。平均单果重14.2g，大小整齐，果皮橘红色，光亮；果肉米黄色，肉厚，肉质细，具浓郁香味，甜酸适口，品质优良；可食率90.5%，可溶性糖含量12.5%，可滴定酸含量1.58%，糖酸比7.91，维生素C含量715.6mg/kg，蛋白质含量1.17%，总黄酮含量1.025%。在山东平邑，果实9月下旬成熟。果实较耐贮藏，在2~5℃条件下，贮藏至第二年2月，自然损耗率仅3.8%；在冷风库中贮藏至第二年5月底，仍能基本保持其原有色泽、风味。在山东平邑，4月初萌芽，5月上旬开花，果实8月下旬着色，9月下旬成熟，11月中旬落叶，年生育期215d左右。适应性强，抗旱，耐瘠薄，较抗山楂白粉病。

8. 辐泉红

用γ射线照射秤星红一年生休眠枝芽诱变选育的品种，2010年通过山东省农作物品种审定委员会审定。果实扁圆形，平均单果重11.4g，最大单果重18.5g；果皮紫红色，果点大、黄褐色，果梗部肉瘤状；果肉厚，紫红色，硬度大，风味酸甜浓郁，营养丰富，品质优良；极耐贮藏，可食率93.5%，可溶性糖含量11.85%，总酸含量2.11%，糖酸比5.61，维生素C含量997.6mg/kg，总黄酮含量0.474%，蛋白质含量0.75%。在山东中南部，果实10月中旬成熟；适宜在山东、江苏北部、河北、河南、山西、辽宁等平原及丘陵地区栽培。

9. 金如意

费县大门山山楂研究所从当地俗称小黄红子的野生山楂芽变中选育的优质早熟新品种。果实近圆形，果皮金黄色，果点黄褐色，果肉黄白色，绵甜微酸；平均单果重12g，最大单果重18g，每果实含种核5个；果肉中总糖含量12.18%，总酸含量1.26%，维生素C含量71.5mg/100g，总黄酮含量270mg/100g；品质佳，果实发育期120d左右，在山东临沂地区9月上中旬成熟；鲜果货架期15d，在0~5℃冷藏条件下可保鲜至第二年3月。此外，该品种抗白粉病、抗寒抗旱；短枝型，结果早，易丰产；可在山东沂蒙山区及国内相似气候地区栽培。

10. 玉甘红

又称甜红子，是山东新泰2000年进行果树种质资源调查时发现的优良山楂品种。果实扁圆形，果肉粉红色，质地细密，口感酸甜，平均单果重7.3g。含可溶性糖9.59%，可滴定酸1.6%，糖酸比5.99。果实硬度大，耐贮存，冷库贮藏可实现全年供应。在新泰地区，3月下旬芽萌动，4月15日初开花，9月中旬果实成熟，果实发育期143d左右。其性状稳定，鲜食加工兼用，综合性状优良。

11. 集安紫肉

吉林农业大学等单位1978年选出的地方品种，1980年通过吉林省农作物品种审定委员会认定。果实近圆形，平均单果重8.1g；果皮鲜紫红色，有光泽；果肉浅紫色，甜酸适口，肉质致密，耐贮藏；果实含可溶性糖7.4%，可滴定酸2.85%，维生素C含量118mg/100g。自然授粉坐果率27%，果枝连续结果能力中等。定植3~4年开始结果。原产地5月末始花，10月上旬果实成熟。该品种较耐寒，果实品质上，适于鲜食和加工利用。可在辽宁、河北、北京等地栽培。

12. 叶赫山楂

吉林叶赫满族镇栽培的地方品种，1987年经吉林省农作物品种审定委员会审定。果实近圆形，平均单果重6.3g；果皮深红色，果点小，果面较粗糙、无光泽；果肉粉白色或粉红色，味酸、稍甜，肉细致密，较耐贮藏；果实含可溶性糖7.68%，可滴定酸1.88%，维生素C含量72.90mg/100g。幼树一般3~4年开始结果，10年生左右进入盛果期。原产地4月中下旬萌芽，6月上旬开花，10月上旬果实成熟。较抗寒，丰产性中等，果实品质中上，适于鲜食和加工利用。

13. 大旺

中国农业科学院特产研究所等单位1976年选出的地方品种，1980年通过省级鉴定。果实卵圆形，平均单果重6.3g；果皮深红色，平滑光洁，果面有残毛；果肉粉白色至粉红色，肉质细，较松软，甜酸；较耐贮藏；果实含可溶性糖9.40%，可滴定酸3.13%，维生素C含量66.7mg/100g。自交亲和力极低，为1.6%，自然授粉坐果率17.1%，以中、长果枝结果为主，占总枝量的70%，果枝连续结果能力高。定植4~5年开始结果。原产地4月下旬萌芽，5月末始花，9月下旬至10月初果实成熟。该品种为三倍体品种（$2n=3x=51$），抗寒能力强。

14. 双红

吉林九台、双阳等地栽培的地方品种，1980年通过省级鉴定。果实扁圆形，平均单果重5.0g；果皮为鲜红色，光洁艳丽；果肉为粉红色或粉白色，肉质细而致密，甜酸适口；果实维生素C含量68.2mg/100g。自交亲和力很强，自交亲和率达41.8%。定植2～3年开始结果。原产地4月上旬萌芽，5月下旬始花，9月中下旬果实成熟。该品种抗寒，中熟，易早期丰产。

15. 辽红

辽宁省果树科学研究所等单位1978年选出的地方品种，1982年通过辽宁省农作物品种审定委员会审定。果实长圆形，平均单果重7.9g；果皮深红色，果面光洁；果肉为鲜红色至浅紫红色，肉细致密，甜酸适口；果实耐贮藏；果实含可溶性糖10.31%，可滴定酸3.56%，维生素C含量82.1mg/100g。自然授粉坐果率为32.4%，果枝连续坐果能力强。定植3～4年开始结果。原产地4月中旬萌芽，5月末始花，10月上旬果实成熟。该品种较抗寒，果实中大，品质上，耐贮藏，适于加工、鲜食和入药。在河北、北京等地有引种栽培。

16. 西丰红

辽宁省农业科学院园艺研究所等单位1979年选出的地方品种，1982年通过辽宁省农作物品种审定委员会审定。果实方圆形，平均单果重10g；果皮深红色，果肩部近方状；果肉为浅紫红色，甜酸，肉质硬，极耐贮藏。果实含可溶性糖7.47%～9.40%，可滴定酸3.20%，维生素C含量72.1mg/100g。自交亲和力极低，自交亲和率为1.7%，自然授粉坐果率14.7%，果枝连续结果能力强。定植4年开始结果。原产地4月中旬萌芽，5月下旬始花，10月上旬果实成熟。树势强健，果实较人，品质上，极耐贮藏，适于加工。

17. 磨盘山楂

辽宁抚顺市供销社1978年选出的地方品种，1984年经辽宁省农作物品种审定委员会审定。果实扁圆形，平均单果重11.2g；果皮为深红色，果点中大；果肉为绿白色，甜酸，肉质致密，耐贮藏；果实含可溶性糖8.96%，可滴定酸3.01%，维生素C含量为61.8mg/100g。自然授粉坐果率为43.2%，果枝连续结果能力强。定植3～4年开始结果。原产地4月中旬萌芽，5月末始花，10月中旬果实成熟。该品种为三倍体品种（$2n=3x=51$），丰产、稳产，果实大，品质中上，耐贮藏，适于加工和入药。

18. 溪红

沈阳农业大学等单位1986年选出的地方品种，1994年通过辽宁省农作物品种审定委员会审定。果实近圆形，平均单果重9.0g；果皮为大红色，果面光洁；果肉为粉红色，甜酸，肉质硬，耐贮藏，贮藏期在160d以上；果实含可溶性糖10.50%，可滴定酸2.70%，维生素C含量53.0mg/100g。自然授粉坐果率为17.5%，果枝连续结果能力较强。定植3年开始结果。原产地4月中旬萌芽，5月下旬始花，10月上旬果实成熟。该品种较抗寒，适应性广，丰产稳产。果实耐贮藏，可食率达86.1%，鲜食与加工品质良好。

19. 秋金星

辽宁省农业科学院蔬菜研究所1960年选出的地方品种，1982年通过辽宁省农作物品种审定委员会审定。果实近圆形，平均单果重5.5g；果皮深红色，果点中大，分布均匀；果肉浅红色或浅紫红，甜酸适口，香气浓；肉细致密，果实含可溶性糖11.26%，可滴定酸3.39%，维生素C含量60.6mg/100g。自交亲和率为24.5%，自然授粉坐果率可达44.6%。果枝连续结果能力较强。定植3~4年开始结果。原产地4月上旬萌芽，5月下旬始花，9月中旬果实成熟。该品种抗寒，中熟，果实品质上，适于鲜食和加工利用。

20. 燕瓢红

河北北部栽培的地方品种，当地称为粉红肉、红口，1981年通过省级鉴定。果实倒卵圆形，平均单果重8.8g；果皮为深红色，果点中大；果肉为粉红色，甜酸，肉质细硬，耐贮藏；果实含可溶性糖8.23%，可滴定酸3.34%，维生素C含量61.7mg/100g。自然授粉坐果率为27.7%，花序坐果数较多，平均为9.5个。果枝连续结果能力较强。定植3~4年开始结果。原产地4月上旬萌芽，5月下旬始花，10月上旬果实成熟。该品种适应性强，较抗寒，较丰产，果实品质中上，适于加工和鲜食，为河北、北京地区的主栽品种。

21. 滦红

河北省滦平县林业局等单位1980年选出的地方品种，1985年通过省级鉴定。果实近圆形，平均单果重10g；果皮鲜紫红色，果面光洁。果肉红色至浅紫红色，甜酸，肉质细硬，耐贮藏；果实含可溶性糖9.75%，可滴定酸3.64%，维生素C含量104.9mg/100g。自然授粉坐果率为26%，花序坐果数较少，平均为5个，果枝连续结果能力强。定植3~4年开始结果。原产地4月中旬萌芽，5月末始花，10月上旬果实成熟。该品种较抗寒，耐旱，丰产性中等。果实品质上，加工果汁、果糕及罐头等色、香、味俱佳。

22. 昌黎紫肉

河北省农林科学院昌黎果树研究所从昌黎当地栽培的山楂中选出的优良品系。果实中大，近圆形，平均单果重7.9g，大小整齐；果皮紫红色，有光泽，果点中多而显著；果肉紫红色，肉质硬，味酸稍甜，可食率85.6%，耐贮藏。定植3~4年开始结果，10年进入盛果期。花序坐果数较少，平均为4.0个。在原产地3月下旬萌芽，5月中旬始花，10月上旬果实成熟。营养生长期可达230d，果实发育期为140d。该品系果实中大而整齐，果肉为紫红色，味酸稍甜，适宜于鲜食和加工利用。

23. 兴隆紫肉

又称雾灵紫肉，河北兴隆县林业局1990年从当地栽培的山楂中选出的优良株系，2015年通过河北省林木品种审定委员会审定，编号冀S-SV-CP-028-2015。果实扁圆形或扁圆球形，平均单果重6.7g；果皮为紫红色，果面光滑，有蜡质，果点小而密；果肉为血红色，致密而细硬，味酸稍甜，耐贮藏，贮藏期可达210d；果实含可溶性糖9.04%，可滴定酸3.15%，维生素C含量91.5mg/100g。自然授粉坐果率37.8%，花序坐果数较多，平均为7.2个，果枝连续结果能力中等。定植3~4年开始结果。在原产地4月中旬萌芽，5月中旬始花，10月中旬果实成熟。该品种果实红色素含量高，品质上，极耐贮藏，为红色加工制品的珍贵天然色素资源。

24. 雾灵红

河北兴隆县林业局1988年从当地栽培的山楂中选出的优良品系，1990年通过省级鉴定，2013年通过河北省林木品种审定委员会审定。果实大，扁圆形，平均单果重11.7g；果皮深橙红色，果点较小，果面光洁，具蜡质；果肉橙红色，甜酸适口，肉质细，致密，较耐贮藏，贮藏期为150d左右；果实含可溶性糖10.18%，可滴定酸3.72%，维生素C含量90.6mg/100g。自然授粉花朵坐果率中等，为38%，花序坐果数多，平均为8.5个。果枝连续结果能力强。定植3~4年开始结果。原产地3月下旬萌芽，5月上旬始花，9月末果实成熟。该品种为三倍体品种（$2n=3x=51$），树势强，坐果率高，果实品质上，适于鲜食与加工，各种加工品色、香、味俱佳。

25. 雾灵野果

2007年选自河北兴隆县大果型野生山楂单株。果实大，长圆形，果实纵径3.0cm、横径2.8cm，平均单果重15.1g，最大单果重20g；果皮橙红色，果面光滑，有蜡质；果点大而多，果点灰白，突出；梗洼隆起，萼片宿存，萼片半开张反卷，萼筒"U"形；果肉黄色，可食率83%，风味甜酸，回味略带苦味；可溶性糖10.4%，可滴定酸1.93%，多酚含量71.2mg/g，总黄酮含量59.9mg/g；种核5~6个，种仁率45%。9月中旬成熟，耐贮性中等。果实适宜鲜食、加工切片入药。

26. 寒露红

北京市农林科学院林业果树研究所等单位1978年选出的地方品种。1984年通过鉴定。果实倒卵圆形，平均单果重7.7g，最大单果重10.6g；果皮深红色，果点密、较大而突出，果面较粗糙；果肉绿白色，甜酸，肉质硬；果实含可溶性糖9.38%，可滴定酸3.63%，维生素C含量91.0mg/100g。自交亲和力极低，为3.8%。自然授粉坐果率为21.2%，花序坐果数少，平均为4.6个。果枝连续结果能力强。定植3~4年开始结果。原产地3月末萌芽，5月初始花，10月中旬果实成熟。该品种适应性强，丰产，果实品质中上，较耐贮藏，适于加工和入药。

27. 金星

北京市农林科学院林业果树研究所等单位1978年选出的地方品种，1984年通过鉴定，是北京地区的主栽品种。果实近圆形，平均单果重9.8g；果皮鲜红色，果点小，鲜黄色，果面光洁；果肉为粉白色至粉红色，甜酸适口，稍有果香，肉细密，较耐贮藏；果实含可溶性糖10.05%，可滴定酸3.65%，维生素C含量79.2mg/100g。自交亲和力低，自然亲和率为9.9%，自然授粉坐果率为32.5%。果枝连续结果能力强。定植3~4年开始结果。原产地3月末萌芽，5月初始花，10月上旬果实成熟。该品种适应性强，丰产、稳产，抗花腐病和白粉病。果实品质上，适于鲜食、加工和入药。

28. 京短1号

北京市农林科学院林业果树研究所1986年从敞口山楂选育而成的芽变品种，1989年通过鉴定。果实较大，扁圆形，平均单果重10.1g；果皮深红色，果点大，黄褐色；果肉绿白色，甜酸，肉质细硬，耐贮藏；果实含可溶性糖8.59%，可滴定酸3.27%，维生素C含量49.1mg/100g。营养枝短而粗，与敞口山楂相比，节间长度比值为1∶2.9。自交亲和力较低，为14.5%，自然授粉坐果率为49.5%。花序坐果数平均为10.5个。果枝连续结果能力较强。定植2～3年开始结果。北京地区4月初萌芽，5月上旬始花，10月下旬果实成熟。该品种树体紧凑，营养枝粗而短。结果早，丰产，耐盐碱，抗白粉病。

29. 泽州红

山西晋城市农牧局等单位1978年选出的地方品种，1985年通过省级鉴定。果实近圆形，平均单果重8.7g，最大单果重13.5g；果皮阳面朱红色，阴面大红色，果面光洁；果肉粉白色，近核及近果皮部分粉红色，酸甜清香，肉细致密，较耐贮藏；果实含可溶性糖10.15%，可滴定酸4.13%，维生素C含量91.4mg/100g。花序坐果数平均为6.5个，果枝连续结果能力较强。定植3～4年开始结果。原产地3月下旬萌芽，5月中旬始花，10月上旬果实成熟。该品种适应性强，耐旱，结果早，丰产、稳产。果实品质上，适于鲜食和加工利用。

30. 艳果红

山西绛县1979年选出的地方品种。果实长圆形，平均单果重8.7g；果皮浅紫红色，果点中大，灰色，果面光洁；果肉粉红色，甜酸适口，肉细致密，较耐贮藏，贮藏期120d左右；果实含可溶性糖8.36%，可滴定酸3.38%，维生素C含量62.6mg/100g。自交亲和力较强，自交亲和率28.4%，花序坐果数较多，平均为9.2个。定植3年开始结果，15年生树株产150kg。原产地3月中旬萌芽，5月上旬始花，10月上旬果实成熟。该品种适应性强，耐旱，山地、丘陵地区均可栽培。果实品质上，适于鲜食和加工利用。

31. 绛山红

山西绛县林业科学研究所于1985年从绛山南部丘陵栽培的山楂中选出的优良单株。果实扁圆形，平均单果重16.3g，最大单果重23.0g；果皮深红色，有光泽，果点中小、白色；果肉粉白色，肉质较密，味酸稍甜，果实耐贮藏，一般通风窖可贮至第二年3月；果实含可溶性糖11.07%，可滴定酸

3.70%，维生素C含量72.1mg/100g。树势强健，果枝连续结果能力较强，花序坐果能力强，采前不落果。原产地4月上旬萌芽，5月上旬始花，10月中下旬果实成熟。该品种适应性强，抗寒、抗旱，山地、丘陵、平地及沙荒地都可栽植，丰产、稳产。果实品质上，可用于鲜食和加工。

32. 晋甜红

山西省农业科学院果树研究所选出的山楂新品种，是歪把红的株变。平均单果重12.9g，大小整齐；果实近圆形，纵径2.91cm、横径3.17cm；果肩稍平，呈多棱状，梗基隆起，一侧有瘤起，果点小而少，黄褐色；果皮鲜红色，光亮。果肉粉红色至浅粉色，肉质细腻，甜酸，品质中上，总糖含量7.12%，可滴定酸含量1.78%，维生素C含量471mg/kg，黄酮含量6 495mg/kg；可食率87.6%。原产地3月底至4月初萌芽，4月中旬新梢开始旺长，4月底至5月初开花，6月中下旬果实膨大，8月上旬果实开始着色，9月中旬成熟，果实发育天数130d左右。10月中下旬落叶，营养生长天数200~210d。树势中庸，干性较强。萌芽率较高，为60%；成枝力中等。定植后第二年开始结果。较抗山楂白粉病、山楂锈病和梨小食心虫。

33. 晋红1号

由大金星早熟芽变选育出的山楂新品种。果实扁圆形，果皮深红色，果点大而密，果肩稍平，呈多棱状；果肉绿白色，果肉质地致密，风味甜酸；果实纵径3.08cm、横径3.56cm，平均单果重17.4g，最大单果重25g；果形指数0.865，每果实含种核4~5粒；总糖含量8.44%，可滴定酸含量2.64%，糖酸比3.20，维生素C含量68.4mg/100g，总黄酮含量0.156%；品质中上。果实发育期140d左右，9月中旬成熟。花序花朵数15~20个，萌芽率61.6%。该品种较抗白粉病、锈病，抗寒抗旱。货架期15d，冷藏6个月。适合山西晋中及以南地区、国内相似气候地区栽培。

34. 豫北红

1978年选出的地方品种，为河南的主栽品种。果实近圆形，平均单果重10.0g；果皮大红色，果点较小、灰白色，果面光洁；果肉粉白色，酸甜适口，肉质细，稍松软，较耐贮藏，贮藏期120d以上；果实含可溶性糖13.79%，可滴定酸2.26%，维生素C含量74.3mg/100g。萌芽率较低，为38.7%。果枝连续结果能力较强。定植2～3年开始结果，成龄树株产100～150kg。原产地3月下旬萌芽，5月上中旬始花，10月初果实成熟。该品种结果早，适应性强，丰产、稳产。果实品质中上，适于鲜食与加工利用。

35. 宿迁铁球

又名麻球，是江苏宿迁市栽培的地方品种。果实近圆形或倒卵圆形，具5棱；平均单果重8.6g，最大单果重11.6g；果皮紫红色，有光泽；果肉橙红色或粉红色，肉质细，酸味浓，稍有甜味；果实含可溶性糖11.8%，可滴定酸1.53%，维生素C含量53.1mg/100g。以中果枝结果为主，果枝连续结果能力强，一般为3～5年，最长达12年。自然授粉结实率为24%，花序坐果数平均为10个。定植3～4年开始结果，原产地3月下旬萌芽，5月上旬始花，果实10月中旬成熟，采前落果轻，较丰产。该品种适应性强，耐旱，抗风，食心虫为害轻。果实耐贮藏，贮藏后果实酸甜适口，适于各种加工。

二、伏山楂系统

1. 伏里红

辽宁省农业科学院蔬菜研究所1960年从辽宁开原等地栽培的伏山楂选出的地方品种，1982年经辽宁省农作物品种审定委员会审定。果实近圆形，平均单果重2.8g，最大单果重4.0g；果皮鲜红色，果点小，果面光洁；果肉粉白色，微酸稍甜，肉细松软，不耐贮藏；果实含可溶性糖9.04%，可滴定酸2.70%，维生素C含量为43.0mg/100g。自交亲和力极低，自交亲和率为2.4%，花序坐果数平均为10个。果枝连续结果能力较强。定植3～4年开始结果。原产地4月中旬萌芽，5月下旬始花，8月中旬果实成熟。该品种为三倍体品种（$2n=3x=51$），抗寒，早熟，品质中上，适于鲜食。

2. 吉伏1号

吉林农业大学1981年从伏山楂中选出的优良品系。果实近圆形，平均单果重3.6g；果皮鲜紫红色，果点小，果面光洁；果肉粉红色，微酸稍甜，肉质细软，不耐贮藏；果实含可溶性糖5.8%，可滴定酸1.16%，维生素C含量88.0mg/100g。萌芽率51.4%，成枝力中等。花粉败育。成龄树株产25kg，最高株产50kg。原产地4月上旬萌芽，5月下旬始花，8月中旬果实成熟。该品种为四倍体品种（$2n=4x=68$），抗寒，早熟，品质上，适于鲜食和加工利用。

3. 左伏1号

中国农业科学院特产研究所1980年从伏山楂中选出的优良株系。果实棱状，扁圆形，平均单果重3.8g；果皮鲜红色，果点小，果面光洁；果肉粉红色或鲜红色，酸甜适口，肉细较致密，贮藏期30d左右；果实含可溶性糖7.53%，可滴定酸1.51%，维生素C含量23.0mg/100g。自交不结果。花粉败育，花期喷赤霉素，坐果率可达36.1%。果枝连续结果能力中等。定植3~4年开始结果，盛果期株产50~80kg。原产地4月中旬萌芽，5月中旬始花，9月上旬果实成熟。该品种为四倍体品种（$2n=4x=68$），抗旱，抗寒，果实成熟较早，品质上，较耐贮藏，适于鲜食和加工利用。

4. 伏山楂1号

沈阳农业大学选育品种。果实扁圆形，五棱略突，平均单果重5.0g，纵径1.9cm、横径2.3cm；果面红色，鲜艳，有光泽，果点中大，分布均匀；果梗细长，梗洼浅陷，部分果实果梗基部有肉质梗洼，浅陷；果肉淡黄色，汁液较少，肉质细，果心小，完熟后松软，酸甜适口，可溶性固形物含量12.5%，总酸含量0.9%，硬度1.5kg/cm^2，有香气，果心小，种核3~4个，不耐贮藏。在泰安地区，花芽萌动期为3月下旬，始花期为3月底，盛花期为4月初，花期5~8d。新梢旺长期5月上旬。果实年生长发育期90d左右，8月中旬果实成熟。11月上中旬落叶。适应性强，抗寒、抗旱、抗病能力较强。

三、湖北山楂系统

1. 鄂红

陕西黄龙县栽培的地方品种，当地称为大红山楂。果实近圆形，平均单果重3.8g，果皮为褐红色，果点较小；果肉为橙黄色，甜酸有清香，肉质细、致密，贮藏期20d左右。果实含可溶性糖3.56%，可滴定酸1.98%，维生素C含量为24.17mg/100g。在陕西黄龙县，9月上中旬成熟。该品种适于鲜食和加工利用。

2. 佳甜

北京市农林科学院林业果树研究所1989年从湖北山楂实生苗中选育出来的优良株系，2022年授予植物新品种权。果实扁圆形，果肩部棱角较明显，平均单果重4.6g，最大单果重7.5g；果皮鲜红色，果点小而少，果面光洁；果肉橙黄色，酸甜适口，肉质细，较松软，可食率80.8%，贮藏期80d左右；果实含可溶性糖9.54%，可滴定酸1.43%，维生素C含量40.7mg/100g。自交亲和力中等，自交亲和率为23.11%，自然授粉坐果率为31.5%。果枝连续结果能力强。定植3~4年开始结果，成龄树平均株产80kg。在北京地区3月下旬萌芽，4月下旬始花，9月下旬果实成熟。该品种为四倍体品种（$2n=4x=68$），抗盐碱，抗花腐病，适应性强，丰产、稳产。果实品质上，适于鲜食和加工利用，也是优良的绿化树种。

第四章　山楂苗木繁育技术

苗木质量的好坏不仅影响山楂栽植成活率，而且还与定植后的树势强弱、结果早晚、产量高低和寿命长短有密切关系。现有山楂树多利用根蘖作砧木嫁接而成，其骨干根一般不甚发达，因此用根蘖苗作砧木嫁接的山楂苗，一般栽后成活率较低，缓苗期长，整齐度差，进入结果期晚；用种子播种繁殖砧木培养的成苗，根系发达，栽植成活率高，树势健壮，容易早期丰产。嫁接育苗主要包括3个步骤，一是砧木苗的培育，二是嫁接苗的培育，三是苗木出圃。

第一节　砧木苗的培育

一、采种

野生山楂种子含仁率在30%~65%，含仁率不足40%的种子不宜使用。山楂种子应从生长健壮、无病虫害的树上采集。取种时，先碾碎果实，或堆积发酵，待果肉腐烂后，用水漂洗，除去果肉和杂质，并立即进行层积处理。

二、种子质量检验

宜在沙藏或播种前对种子生活力进行检验，以便鉴别种子优劣。

（一）目测法

取一定数量的种子，肉眼观察种子内部和外部，以识别其优劣。优质种子籽粒饱满，大小均匀，有光泽，种胚白色、不透明、无霉味，含仁率40%

以上；劣质种子，种皮皱缩或开裂，无光泽，大小不均匀，种胚淡黄色半透明、有霉味，含仁率不足40%。

（二）染色法

首先将山楂种子打破种壳，剥去种皮，放入0.2%～0.5%靛蓝胭脂红的水溶液中浸染2～4h，再取出种子用清水冲洗，种胚全部染色的，即失去了生活能力；部分染色的，为生活能力较差的；未被染色的，为有生活能力的种子。统计有生活能力的种子所占比例及含仁率，可作为确定播种量的参考依据。

三、种子处理

由于山楂种壳坚硬，缝合线严密，不易透水，因此种壳不易开裂，种子发芽困难，播种前需进行低温层积沙藏处理。果胶黏合种壳缝合线并以不溶性状态存在，需要先被微生物分泌的原果胶酶分解为可溶性果胶，然后在果胶酶作用下溶解，种壳才易开裂。再经低温层积处理，种胚后熟，生长抑制物质减少，种子即可萌发。分泌原果胶酶的微生物，在25～37℃、含水量为最大持水量的80%、通气良好的条件下活动最盛。根据山楂种子的特点，采取适当方法进行种子处理，才能正常发芽。

（一）两冬一夏沙藏法

该方法是一种传统的层积方法，虽然处理时间较长，但方法可靠，如连年沙藏种子，则每年都有种子用于播种。沙藏时要选地势高燥、不易积水、背风阴凉的地方挖沟。沟深60～80cm，宽40～50cm，长度视种子多少而定，沟底铺5cm厚的湿沙，再将1份种子与3份湿沙混放入沟内，至离地面15cm为止；其上覆土高出地面30cm，以防积存雨雪；中间竖秫秸把，以便通气。第二年6—7月将种子上下翻动一次，并保持一定湿度，第三年春即可播种。

（二）早采种沙藏法

这种方法处理得当，经一冬沙藏即可播种。据观察，山楂果实在半青半红、种壳尚未坚硬时,种仁已基本具备了发芽能力,这时可采集果实,将果肉压碎,放入缸内浸泡7~10d,隔日换水,然后漂净果肉,取出种子,趁湿立即进行沙藏(沙藏方法同前)。第二年春季化冻后即可播种。

(三)变温处理沙藏法

将纯净的山楂种子浸泡10d(隔日换水)后,再用两开兑一凉的热水浸泡一昼夜,经几次换水,捞出并在苇席上摊开,白天晒,夜间用冷水浸泡。如此夜浸日晒,反复4~6次,直至种壳开裂,再混入4倍湿沙,在沙藏沟底堆25cm厚,沟上用秫秸盖严,再培土8~10cm。沟的两头各留一个通气小孔,第二年早春随时检查萌芽情况,芽长0.2cm即应播种。上述经一冬处理的种子,一旦不萌芽,可继续沙藏一年再播种。

四、苗圃地选择和整地

苗圃地的好坏是决定苗木质量的先决条件。要选择地势平坦、有灌溉条件、向阳、肥沃而疏松的壤土或沙壤土建苗圃。这样的苗圃,能培育出根系发达、生长健壮的苗木;不宜在涝洼地、排水不良的黏重土壤和土层薄的沙土地育苗,更不适宜在偏碱的土壤上育苗。育苗地切忌连作,以免引起某些矿质营养的匮乏和根癌病、立枯病的加重。

苗圃地确定后,宜在秋季进行深翻细耙,达到疏松、细碎、平整、无石块和杂草。秋翻深度30cm以上,有利于土壤改良、蓄水保墒和根系生长。春旱地区,秋季翻地效果更好,随翻随耙,可减少水分蒸发,保蓄冬春季的雨雪。如果来不及秋翻,要在春季化冻后立即春翻,翻后耙耢、镇压,在深翻整地的同时,结合作畦每亩施入优质农家肥3 000~4 000kg。

五、播种

(一)播种时间

分为秋播和春播。经过一冬沙藏的种子,可在春季芽萌动时,将已萌发的种子挑出,集中点播;进行两冬一夏沙藏的,可在已贮一冬一夏后进行秋播。春播时,时间越早越好,长城以南以3月中下旬为宜,长城以北宜在4月上旬播种；秋播在土壤结冻前进行。秋播后，因冬季蒸发量大，春季化冻前又不能灌水，应在细致整地的基础上采用播后盖薄膜的方法防止蒸发（地膜的四周要用土埋严，以防被风吹掉），春季在种子开始出土时撕掉薄膜。畦面干旱时要用喷壶淋水或洒水，也可用喷灌机进行喷灌，总之，发芽前和砧苗幼小时不可大水漫灌。

（二）播种量

根据播种方法、种子质量、含仁率、千粒重、发芽率来决定播种量。一般野生山楂种子每千克1.2万~1.4万粒，采用条播法每亩用种15~20kg，点播8~10kg，撒播30~40kg。

（三）播种方法

播前2~3d在整好地、做好畦的苗圃地浇一次透水，水渗下后便于操作时播种。常用的播种方法有条播、点播和撒播。

1. 条播

在1m宽的平畦内可播4行，采用带状条播（即大小垄），带内距15cm，带间距50cm，边行距畦梗10cm。这样可经济利用土地，有利于松土、锄草和嫁接。播种沟深3~4cm，宽4~5cm。开沟后搂平沟底，翻出的土块要耙碎，将混有湿沙的种子均匀地播入沟内，然后用钉耙封沟耙平，覆细土1.5~2.0cm，多余的土及土块杂物等搂出畦外。覆土后，最好采用地膜覆盖。为节约地膜，可用宽于带内距的地膜顺垄覆盖其上，两侧用土压实。地膜覆盖既保温又保湿，可提早出苗。

2. 点播

为节省种子，或有一部分种子先出芽而又生长较长时，可进行点播。在开好沟并浇足水的播种沟里，按株距10cm进行点播。每穴点播3粒，播后覆1.5cm左右厚的土，为了保墒和防止土壤板结，覆土后盖1cm厚的细沙，或覆盖地膜。点播虽费工，但节省种子，且出苗整齐。

3. 撒播

采用撒播出苗多，便于集中管理，每亩产砧木苗10万株以上。撒播的方法是：在浇足水的畦面上均匀撒上混沙种子，而后覆一层细沙土，厚度2~3cm，再用木板刮匀并轻轻镇压。确保出苗率高的关键在于细致整地，保持土壤适宜湿度和适宜的覆土厚度等。覆土厚薄应根据种子萌芽情况、苗圃地土壤及气候等条件来决定。种子萌芽长、春播覆盖地膜和黏重土覆土宜浅些，否则可适当厚些。春季干旱、蒸发量大的地区，播后覆草或覆盖地膜，对提高出苗率有重要作用。也可先将地膜按预定株行距打孔，将地膜覆于整地、施肥并灌足水的畦面上，然后在孔内点播已萌芽的种子。不加覆盖的苗畦，应经常用喷壶或洒水车喷淋保湿，但不要大水漫灌以免冲出种子或造成土壤板结。

六、砧木苗管理

播后管理是保证幼苗正常生长和提高嫁接率的关键，每一管理环节都不可忽视。

（一）捅破地膜

采用地膜覆盖的苗畦，当幼苗出土后，要及时捅破或撕开地膜，使幼苗及早露出（膜上打孔的除外）。其方法是哪里出苗，捅破哪里，出苗较齐的，可于傍晚或阴雨天一次揭除。撒播覆盖地膜的，当幼苗出土后，要多次捅破地膜，或多孔透风后一次去掉地膜。这项工作宜早不宜晚，过晚易造成幼苗弯曲，生长缓慢，甚至由于气温增高将幼苗灼伤。

（二）砧苗移栽

播种培育砧木苗时，幼苗期一定要进行移栽，以促使砧木苗多生侧根。不经移栽的实生苗，垂直根发达而侧根少且细，起苗时易断根，影响栽植成活率并延长缓苗过程。砧苗移栽的方法是在实生苗2~4片真叶时，用移苗铲将小苗带土移到开好沟的畦中，待水渗下后封垄。

（三）灌水和中耕除草

播种前应浇足底水，出苗前不浇蒙头水，以免土壤板结和降低地温，影响种子发芽出土。天旱时宜用喷淋法小水勤浇，以保证种子破土出苗。在苗期要求土松、草净，特别是移栽的幼苗，要及时松土保墒。一般要求在幼苗出现5~6片真叶以前进行蹲苗，土壤在不很干旱的情况下，不要浇水，多中耕保墒，促其发生侧根，使幼苗粗壮。砧苗旺盛生长期形成大量叶片后，需水量大，应适当增加浇水次数，并及时中耕除草。雨后注意排水，经常保持土壤疏松、湿润。生长后期要控制浇水和追肥，以防贪青徒长，不利越冬。

（四）追肥

苗期追肥前期以氮肥为主，后期需增加磷钾肥。当幼苗高度15cm左右时，结合浇水每亩施尿素7~10kg。此后，可再追1~2次肥（间隔30d左右），后期每亩施复合肥8~12kg。另外，可结合喷药进行根外追肥，使苗木生长健壮，提高嫁接率。

（五）摘心

砧苗摘心能使植株加粗生长，一般在苗高80cm左右时进行，并尽早通过抹芽除去苗木基部10cm以下发出的分枝，以利芽接。

（六）防治苗期病虫害

苗期注意及时防治根腐病、立枯病、白粉病和大灰橡甲等病虫害。

第二节　嫁接苗的培育

一、接穗的采集

良种壮苗是丰产的基础。培育山楂苗，应在优良品种、株系母树上采取接穗，分品种嫁接，有计划地育苗。采集接穗必须从健壮植株上选取发育充实、芽子饱满的营养枝，而内膛徒长枝、细弱枝不宜选作接穗。芽接接穗要从当年生的外围新梢上选取，剪下后立即摘除叶片，保留0.5cm的叶柄，以免失水皱缩枯干。最好随采随接，一时用不完的要把接穗下部暂时浸入水中，也可用湿沙埋于窖内，但存放时间不宜过长。枝接可结合冬季修剪，选取生长充实、芽子饱满的一年生枝条作接穗；放入窖内，在低温下用湿沙埋藏，待春季枝接时随时取用。远距离采集接穗时要妥善包装，全穗或接穗两头蘸蜡，然后用湿草包好，用草袋或塑料薄膜打包运输。但是，夏季不可用塑料薄膜包严。

二、嫁接时间与方法

（一）嫁接时间

芽接于7月中旬开始，枝接在春季砧木树液流动后进行。

（二）嫁接方法

在苗圃中培育山楂苗多采用芽接和切接，若砧木较粗，可采用劈接或腹接。芽接法节省接穗，操作简便，成活率高，故大量繁殖苗木多用芽接法。

1. "T"形芽接

在芽上方0.5cm处横切一刀，深达木质部，再在芽下方1cm处向上斜削一刀，捏下盾状芽片。在砧木距地面3~6cm处，选光滑的一面横切一刀，长约1cm，在横口中间向下切1cm的切口，成"T"形。然后用刀尖左右一拨，撬起两边皮层，随即插入芽片，并使接芽上切口与砧木横切口密接，用塑料条绑好。

2. 嵌芽接

又称带木质部芽接。山楂"T"形芽接时间较短，若芽接时间较晚，砧木已难于离皮时，将影响芽接成活率，此时可采用嵌芽接方法。采用嵌芽接，在长城以北，嫁接时间可在8月底前；在长城以南，嫁接时间可延长至9月。嵌芽接的方法是选健壮的接穗，在芽上方1cm处向下向内斜削一刀，达到芽的下方1cm处，然后在芽下方0.5cm处向下向内斜切到第一刀削面的底部，取下芽片。在砧木距地面3~5cm平滑处，用削取接穗芽片的同一方法，削成与带木质部芽片等大的切口，将砧木上被削掉的部分取下，把接芽"嵌"进去，使接芽与砧木切口对齐，然后用塑料条绑紧。

3. 切接

适用于较细的砧木。切接时先将砧木从距地面5cm处剪断,将保留2~3个芽的接穗下端削成2.5cm的斜面(大削面),另一侧削成1cm长的小削面,削面要光滑平整,然后在砧木横断面上1/4~1/3处垂直切下,深度稍小于接穗的大削面长度,迅速将接穗大削面对向砧木的大切面,插入切口,并使接穗与砧木一侧的形成层对齐,然后用塑料条绑紧绑严,再用潮湿的细土埋好。待接穗成活后扒开土堆,以利植株生长。

4. 劈接

砧木较粗时常用劈接法。劈接时先将砧木截去上部,正中劈开;然后选取5~6cm的接穗(带有2~4个饱满芽),下面削成两面等长的平滑楔形斜面,削面长3~4cm。一般情况下,接穗的削面在芽的两侧向下削。劈口时不要用力过猛,要手握刀背轻轻往下按;较粗砧木,可以把劈接刀放在劈口部位,轻轻地敲打刀背。劈口深2~3cm,用劈接刀背尖端或竹木签子插入砧木劈口作支撑物,然后将削好的接穗插入劈口缝内,使砧木形成层和接穗形成层对准,用塑料条把接口绑紧绑严,这是保证成活的一项重要措施。砧木较粗的,切口两侧可各插一个接穗,既保成活,又有利于伤口愈合。

5. 腹接

腹接操作简单,容易成活,用锋利的修枝剪或切接刀都可完成。在4—5月间树液开始活动时嫁接,把接穗用剪子或切接刀削成大面长3~4cm,小面长1.3cm左右,然后在砧木距地面5~10cm处斜切成30°的切口,撬开切口,插入接穗,大削面向里,使一面形成层对准。距接口0.5cm处剪砧,用塑料条绑紧绑严。提高枝接成活率的关键在于贮藏好接穗。要求不失水、不萌动,在保持接穗新鲜和不萌动的前提下,嫁接时间越晚,成活率越高。

三、嫁接苗的管理

嫁接后管理的好坏,是关系苗木成活率高低和质量的关键环节。

(一)补接

芽接1周后观察,凡接芽新鲜未皱缩,叶柄已落或一触即落的,表明已经成活；如接芽变黑、叶片皱缩、叶柄僵死在芽上的即未成活，应进行补接。

（二）防寒

秋季芽接的，在北方寒冷地区，应在土壤结冻前培土防寒。培土要高出芽接部位，确保接芽安全越冬。

（三）解除包扎

枝接的一般在夏季解除绑缚，如解缚过早，接口处大量蒸发水分，易引起接穗死亡；过晚容易勒出缢痕。芽接的第二年春天萌芽前解除绑缚物，以免影响苗木加粗生长。

（四）剪砧

秋季芽接的，待第二年春天树液流动后接芽萌发前在接芽上方0.5cm处一次剪砧，一般在3月下旬至4月上旬进行。剪口要从接芽对侧由下向上稍倾斜，以利剪口愈合。剪口高出接芽过多时，不仅剪口不易愈合，且接芽萌发后易斜生。

（五）除萌蘖

嫁接后破坏了地上部与地下部的平衡，不仅促使接穗发出旺盛的新梢，还会从砧木各部位萌发大量萌蘖。及时除掉砧木发出的萌蘖，保证接芽萌发后迅速生长。除萌蘖要连续进行多次，经常检查，随时除掉。

（六）加强土壤管理

5—7月嫁接苗速长期追肥两次，第一次每亩施尿素10kg，第二次每亩施复合肥12kg。每次追肥都要结合浇水，并结合喷药加入300倍液尿素或磷酸二氢钾。8月以后停止追肥，以防贪青徒长，影响越冬。同时要注意中耕除草，保持土壤疏松、无杂草，以保证苗木生长充实健壮，提高苗木的越冬能力。

第三节 苗木出圃

一、苗木规格

苗木是建园的物质基础,必须保证质量。苗木质量直接影响到建园后的经济效益,应当严格要求。

(一)一级苗

根系生长正常、分布均匀,主根长度在20cm以上;侧根4条以上,基径0.3cm以上,长度20cm以上。苗高120cm以上,距接口10cm处直径应大于1.0cm。在整形带内有8个以上饱满芽。接口处愈合良好,无病虫害(表4-1)。

表4-1 一年生嫁接苗木分级标准

项目	苗高/cm	距接口10cm处粗/cm	主根长度/cm	侧根长度/cm	侧根数量/条	整形带内饱满芽数/个
一级苗	≥120	≥1.0	20	≥20	≥4	≥8
二级苗	[90,120)	[0.8,1.0)		[15,20)	≥3	≥6

(二)二级苗

根系分布均匀,主根长20cm以上,并应具备3条以上基粗超过0.3cm、长度超过15cm的侧根。苗高90~120cm,距接口10cm处直径达到0.8cm以上。在整形带内有6个以上的饱满芽,接口处愈合良好,无病虫害。

不符合上述规格的弱苗,应在苗圃内继续培养一年。

二、苗木出圃要求

嫁接后经过一年培育,成苗一般于秋季落叶后出圃。准备春栽的,可于第二年春季起苗。为了便于起苗和保持苗木有足够的水分,在出圃前一周灌一次透水，起苗时应注意保护根系，做到少伤根和不伤骨干根。切忌苗木未落叶急于出圃，以免影响栽植成活率。

自育自栽的苗木，可随栽随起；外运苗木，应在秋季起苗调运或挖沟贮藏。苗圃中的半成品苗可一起挖出，将其集中假植，第二年春天再作畦栽植，继续培育一年。起苗时除注意保护根系外，还要避免损伤枝干和芽子。对根系受伤的，可进行轻度修剪，以利愈合。最好能做到随起苗、随分级、随栽植，以提高栽植成活率。

三、苗木检疫

植物检疫是防止病虫害传播的一项重要措施。因此，苗木调运必须经植物检疫部门严格检疫，确认无检疫对象，方可外运，以防病虫传播。山楂的检疫对象主要是美国白蛾和根癌病，无论是产地、销地或运输途中的苗木、包装物或车船，一经发现检疫对象要立即隔离，并进行严格的药物处理或销毁苗木。

四、出圃苗木的包装与运输

短途运输的山楂苗，宜用湿草袋或湿蒲包包好。长途运输的苗木，必须妥善包装，才能避免损失。为保持根系湿润，防止干枯，包装时根部应填充湿稻草、木屑、稻壳等，外用草袋包好，并用草绳捆紧。在途中时间较长的，更要经常检查，及时补水，保持湿润。为防止苗木呼吸而发热，每捆以50~100株为宜。每包的株数应相等，以便于抽样检查。包装时可按品种和苗木的大小，分级包装。并挂好标牌，注明产地、品种、数量和等级。

第五章 山楂标准化建园技术

第一节 园地选择与规划

一、园地选择

山楂树适应性很强,既喜光又耐阴,既喜肥又耐瘠薄,建立山楂园可充分利用山区丘陵地、山坡地、梯田地、沙滩地,但要求土壤排水、通气良好,保水保肥力强。北方选择建山楂园要求气候温和,昼夜温差较大,雨量适中。山楂树对土壤条件的要求不严,一般质地的土壤都可栽培,但最为适宜的土壤是土层深厚、质地疏松、排水良好的沙壤土。涝洼滩地和地下水位较高的地方,偏碱地,以及土质坚硬、土层太浅、坡度过陡的瘠薄山地不宜建山楂园。山坡地建园以坡度不超过20°为宜,坡度过陡水土流失严重,有碍山楂生长。严重干旱的瘠薄山地,也可在阴坡或半阴坡地上栽植。阴坡一般土壤含水量相对较充足,植被覆盖率较高,水土流失少,土壤有机质含量较高,通过综合管理,也可以获得可观的产量。山地、丘陵地一般光照充足,空气流通,排水良好,是发展山楂生产的理想生态条件。因此,选择土层深厚、肥沃的阳坡是山楂园的首选。土质坚硬、土层太薄、含水量少的坡地,应先改土后建园。

二、园地规划

山楂的生命周期长,为了获取最大而稳定的效益,栽植前一定要进行合理规划,根据规划地块确定整地方式、株行距、确定栽植品种、数量,授粉树的配置数量、品种,物资准备以及栽后管理措施等。园地规划主要包括水利系统的配置、栽培小区的划分、防护林的设置以及道路、房屋的建设等。

一般平原地建园多采用长方形栽植,南北行向,在建园前按设计的株行距进行平整土地。河滩地或地下水高的平地,建园前进行高畦整地,修规格为宽

2m、高20cm的高畦，在高畦上挖定植穴，规格为80cm×80cm×80cm。山地建园沿等高线栽植，先将山坡地修成梯田或水平阶。按规划密度定点，一般采取株行距2m×3m、3m×3m、2m×4m。定植穴规格为100cm×100cm×100cm。

（一）作业小区

作业小区的合理划分，应根据地形、方位、面积大小和便于科学管理的原则，灵活掌握。划分一般应满足以下要求：一个作业小区内的土壤、光照等基本条件大体一致。有利于防止土壤侵蚀，有利于防止风害，有利于运输和实行机械化作业。一个作业小区不宜跨过分水岭和沟谷。作业小区的面积，在地形切割较为剧烈和起伏不平的丘陵山地，可为1~2hm^2。平原地大型山楂园作业小区面积，可为3~7hm^2。作业小区的形状，一般为长方形。这是因为在使用机械沿长边作业时，由于单程较长，可减少打转次数，提高效率。在平原，作业小区的长边，应与有风害的方向相垂直。在山地，作业小区的长边，必须与等高线平行。

（二）道路及建筑物

山楂园的道路系统，由主路、干路和支路组成。主路要位置适中，能贯穿全园，便于运送果品和肥料。山地主路，可环山而上或呈"之"字形上升。干路需沿坡修筑，一般为作业小区的分界线。支路适合在顺坡的分水线上筑路。道路的宽度，不论平地与山地，主路宽5~6m，须能通过大型运输汽车。干路宽4~5m，须能通过小型运输汽车和拖拉机等。支路宽2~4m，是人行和小型机械的通道。在梯田地，可利用边埂作人行小道，一般不需另行专修支路。

山楂园的辅助建筑物，主要包括管理用房、贮藏库、农具室、药物配制场和包装场等。在山地山楂园，包装场和贮藏库应设置在地势较低的地方，药物配制场设在较高处比较安全。在平原地山楂园，包装场和药物配制场，宜设在交通方便处，最好设置在小区的中心。

（三）防护林

防护林具有降低风速、调节温湿度、减轻风害与冻害和保持水土的作用。防护林的类型：位于坡地上部的山楂园，宜采用大、中、小3种不同高度的树冠组成的不透风林带；位于平地与谷地的山楂园，宜采用一层大乔木组成，或采用一层大乔木加一层灌木两层结构的透风林带。防护林的设置，应依山楂园的面积、地形、地势和常年主风向等因素而定。大型山楂园的防护林，一般包括主林带和副林带。主林带应与当地风害或常年大风的风向垂直。在一般条件下，主林带之间可间隔300~400m。在风沙大和沿海台风地段，可间隔200~300m。主林带的行数，应视当地风速、地形和边缘林等情况而定。副林带应与主林带相垂直。副林带的间距，一般为500~700m，风大地区可缩减为300~400m。山地山楂园地形复杂，应因地制宜地安排，其迎风坡林带宜密，背风坡林带可稀，并应与沟、渠、道路和水土保持工程等相结合设置。小型山楂园，可以只设环园林。防护林的树种配置，宜选用生长迅速，树体高大的乔木和枝多叶密的灌木，寿命较长，抗逆性强，与山楂树无共同病虫害，根蘖少，不串根，具有一定经济价值的乡土树种。严禁选用松柏等易造成山楂病虫害的树种。

（四）灌溉系统

山楂园的水利灌溉系统，主要包括灌溉和排水两个方面。灌溉系统规划的内容是蓄水、输水和园地灌溉。在丘陵山地山楂园，应选溪流不断的山谷或三面环山的凹地，修建小水库和小塘坝。其位置一般应高于园地，以便于自流灌溉。如果水源为河流，或山楂园建在河岸处时，应引水入园。园地的输水系统，包括干渠和支渠。干渠的走向，应当与作业小区的长度一致。输水支渠的走向，则与小区的短边相一致。现代化果园的灌溉渠道，均采用有孔的管道埋于园中。在梯田地带，灌溉渠道都可以排灌兼用。近年来，现代果园灌溉技术发展很快，诸如地下管道灌溉、负压差灌溉、喷灌和滴灌等，有条件者可以选用。

第二节 苗木栽植

一、栽植密度

密植栽培是山楂生产发展的趋势。实践证明，山楂合理密植栽培，可以充分利用土地和光能,结果早,进入盛果期所需年限短,高产高效。山楂的密植栽培,习惯将其分为低密度(株行距为4m×5m,亩栽33株)、中等密度(株行距为3.5m×4m、3m×4m、2.5m×3m,亩栽48~89株)、高密度(株行距为2m×3m、1.5m×3m,亩栽111~148株)和超高密度(亩栽150株以上)。山楂园早期产量随密度的加大而增高。其中亩栽333株者的5年累计产量,是亩栽33株的2.41倍(表5-1)。一般可选用株行距2m×4m或3m×4m两种模式,同时注意利用修剪等技术,交替回缩,控制树冠,一般不需间移或间伐。

表5-1 山楂栽植密度与早期产量的关系

株行距/m	亩株数/株	产量/kg					
		第一年	第二年	第三年	第四年	第五年	5年累计
1×(2.5~1.5)	333	90	639	2 763	3 039	2 583	9 114
1.5×2	222	56	447	2 262	2 714	3 165	8 644
3×(2.5~1.5)	111	32	203	1 690	2 197	3 075	7 179
3×4	56	17	45	669	1 783	2 675	5 189
4×5	33	8	33	524	1 260	1 953	3 778

二、栽植时期

在绝对低温-25℃以下的地区,山楂苗木定植以春栽为宜;其他地区春栽、秋栽均可,但以秋栽为较好。山东地区一般于秋末初冬栽植,此时正是根系第三次生长高峰期,栽后15~20d即生出新根。第二年解冻后,没有缓苗期,第一年生长量明显优于春栽。平均干周5.5cm,比春栽粗2.2cm。单株枝量为8.1条,比春栽多4.4条。河北遵化市也有秋栽生长好于春栽的报道,但秋栽要注意埋土防冻。夏季栽植在阴雨天进行最好,但苗木必须随起随栽,并带土移植。

三、栽植方法

先将分级后的苗木,放到清水中浸泡12~24h,使其充分吸水。栽植前，按照预定的株行距，用石灰标好栽植点。在已整好的土地上，于定植点挖宽、长各0.5m，深30cm左右的穴，将苗木垂直放在中心点上，并注意与各点成行，然后培土。每培一层土都要踏实，并将苗木稍向上提动，使根系舒展开与土壤密接，直至接近地面时，使根颈高于地面，并将四周筑起直径1m的定植圈，以便灌水，每穴灌水30L，待水渗下后埋土。水源条件好的地块，定植后，可先填平树穴并踏实，然后大水浇灌，待土壤稍干爽后，再进行培土。严寒地区秋季栽培时，可培土30cm左右。苗木栽植深度应使根颈在土壤沉实后与地面持平为宜。

四、栽植后管理

缺少灌溉条件的地区，栽植山楂树往往成活率低。在这种条件下，对新栽山楂树及1~3年生幼树进行覆盖地膜，对提高成活率及促进生长发育有明显的促进作用。盖膜时间，在早春解冻之后，一般可于3月中旬进行。盖膜前，先将山楂苗定干，把苗干上包扎的草把和干基的培土去掉，修整好1m×1m的树盘，树盘四周略高于中间，以能自然流水为宜。在树盘四周开挖深、宽各10cm的小沟。将剪成1m×1m的地膜，由中间穿透，铺放在地表，并在干基及四周用土压实。2~3年生树盖膜时，把剪好的地膜由中间至边缘剪开套入，其他方法同前。覆膜可减缓土壤水分的蒸发。据测定，覆膜后，6~10cm深的土壤含水量，平均比对照高1.3个百分点，地温比对照高1℃左右；新梢总生长量比对照增加95cm，而且枝条粗壮，树冠扩展，比对照高19个百分点；成活率比对照高15个百分点。

第六章　山楂肥水管理技术

肥水管理是提高山楂产量和品质的关键环节，合理的肥水管理能够促进山楂树的健康成长，增强其抗病能力，并最终提高果实的经济价值。

第一节　土壤管理

土壤是山楂树生长的基础，良好的土壤环境能够为山楂提供充足的养分、水分和空气，有利于根系的生长与发育，进而促进地上部分的茁壮成长和果实的优质高产。因此，科学合理的土壤管理措施对于山楂的栽培至关重要。土壤管理的目的在于改善土壤的物理、化学和生物学性质，为山楂根系创造一个适宜的生长环境。

一、深翻改土

深翻改土是改善山楂园土壤结构和理化性质的重要措施。通过深翻，可以加深土壤耕作层，疏松土壤，增加土壤孔隙度，提高土壤的通气性和透水性，促进微生物活动，加速土壤有机质的分解和转化，从而提高土壤肥力。同时，深翻还能打破土壤的犁底层，使根系能够向更深的土层伸展，增强山楂的抗旱、抗涝能力。

（一）深翻时间

深翻一般在秋季果实采收后至冬季土壤封冻前进行，此时山楂处于相对休眠期，根系损伤后容易恢复，且有利于土壤风化和积雪保墒。春季土壤解冻后至萌芽前也可进行深翻，但需注意避免伤根过多影响树体生长。深翻的深度应根据山楂的树龄、土壤质地和根系分布情况而定，一般幼树为40~60cm，成年树为60~80cm。

（二）深翻方式

可采用扩穴深翻、隔行深翻或全园深翻等。扩穴深翻是在定植穴（沟）的基础上，逐年向外扩展，挖宽50~60cm、深60~80cm的环状沟或条状沟，将表土与底土分别堆放，回填时先填表土，再填底土，并混入适量的有机肥和作物秸秆等，最后浇透水。将扩穴和秋施基肥结合进行可收到一举两得的效果。该方法适用于幼龄山楂园，可逐步扩大根系的分布范围。

对于成龄山楂园，可采用隔行深翻的方式，即在行间每隔一行挖深沟进行深翻，沟宽和深度与扩穴深翻相同，第二年再深翻另一行。该方法每次只翻动一半的土壤，对树体生长影响较小，有利于山楂树在深翻当年保持较强的生长势，且便于机械化操作。深翻后，应在未深翻的行间进行浅耕或覆盖，以保持土壤疏松和水分。

全园深翻是将整个果园的土壤一次性全部深翻，深翻时应尽量避免损伤大根，该方法适用于面积较小或土壤条件较差、根系分布较浅的山楂园。全园深翻后，要及时平整土地，修好灌溉和排水系统，并进行充分灌水，使土壤沉实。

二、中耕除草

中耕除草是山楂园土壤管理的常规措施，其目的是保持土壤疏松，减少杂草与山楂树争夺养分、水分和光照，调节土壤温度和湿度，促进土壤微生物活动。

（一）中耕

中耕的次数和时间应根据山楂园的土壤状况、杂草生长情况以及气候条件等因素确定。一般在生长季节进行3~5次中耕，春季在土壤解冻后至萌芽前进行第一次中耕，深度为10~15cm，可疏松土壤，提高地温，促进根系生长；夏季中耕宜浅，深度5~10cm，避免损伤根系，可在雨后或灌水后及时进行，以破除土壤板结，保持土壤通气性；秋季在果实采收后结合施基肥进行一次深中耕，深度15~20cm，有利于土壤保墒和根系生长，可结合清理园地进行，以利于消灭越冬病虫害。

（二）除草

除草可采用人工除草、化学除草或机械除草等方法。人工除草虽然劳动强度大，但除草效果好，且不会对环境造成污染，适用于面积较小或杂草较少的山楂园。化学除草是利用除草剂杀灭杂草，具有高效、快捷的特点，但使用时应严格按照除草剂的使用说明进行操作，选择合适的除草剂种类、浓度和使用时间，避免对山楂树造成药害和对环境造成污染。机械除草是利用除草机等机械设备进行除草，在操作过程中要注意避免损伤山楂树的树干和根系，适用于面积较大的山楂园，但需要投入一定的设备购置和维护费用。

三、果园覆盖

（一）优点

果园覆盖是一种有效的土壤管理措施，具有保墒增温、抑制杂草生长、改善土壤结构等作用，具有以下优点。

1. 降低管理成本

覆盖抑制杂草的萌发和生长，免除了一年5~6次对树盘的中耕除草，节省了劳动成本；当覆盖适宜时，能减少或防止病虫害的发生，降低农药用量、节省开支。

2. 提高土壤含水量，节省灌溉开支

尤其在春季降雨少、蒸发量大时，果园覆草能够有效减少土壤水分蒸发，保蓄水分；果园覆膜也可以提高土壤含水量，特别是土壤表层含水量。

3. 改善土壤结构，提高土壤肥力

覆盖能够保持良好而稳定的土壤团粒结构，改善土壤通透性，提高土壤孔隙度，减小土壤容重，使土质松软，利于土壤团粒结构形成，减少土壤内盐碱上升，有助于土壤保持长期疏松状态，提高土壤养分的有效性。覆盖有机物降解后可增加土壤有机质含量，提高土壤肥力，连续覆盖3~4年，活土层可增加10cm左右，土壤有机质含量可增加1%左右。长期覆草不仅能提高土壤养分含量，而且能提高土壤保肥和供肥的缓冲能力。

（二）覆盖物分类

常用的覆盖材料有秸秆、杂草、地膜等。

1. 覆盖秸秆、杂草

将农作物秸秆（如玉米秸、麦秸等）或杂草切成10~15cm长的小段，在山楂树树冠投影范围内进行覆盖，厚度一般为15~20cm。覆盖前，应先浇足水，按10~15kg/亩的数量施用尿素，以满足微生物分解有机质时对氮的需要。覆盖时应注意从树干周围向外逐渐加厚，避免秸秆堆积在树干基部影响树体生长。秸秆覆盖后，可在其上压少量土，防止被风吹散。秸秆在腐烂过程中会释放出养分，增加土壤有机质含量，改善土壤结构。

覆草一年四季均可，以春、夏季最好。春季覆草利于山楂整个生育期的生长发育，又可在山楂树发芽前结合施肥、春灌等农事活动一并进行，省工省时。不能在春季进行的，可在麦收后利用丰富的麦秸、麦糠进行覆盖。注意新鲜麦秸、麦糠，要经过雨季初步腐烂后再用。对于洼地、易受晚霜危害的果园，谢花之后覆草为好。郁闭程度较高，不宜进行间作的成龄果园，可采取全园覆草，即果园内裸露土地全部覆草，数量可掌握在1 500kg/亩左右。郁闭程度低的幼龄果园，尚可进行果粮或果油间作的，以树盘覆草为宜，用草1 000kg左右。覆草量也可按照拍压整理后，15~20cm的厚度来掌握。山楂园覆草应连年进行，每年均需补充一些新草，以保持原有厚度。3~4年可在冬季深翻一次，深度15cm左右，将地表已腐烂的杂草翻入表土，然后加施新鲜杂草继续覆盖。覆盖后要定期检查，发现有鼠害或病虫害时及时处理。

2. 覆盖地膜

覆膜前必须先追足肥料，地面必须先整细、整平。地膜覆盖一般在春季（3月中下旬至4月上旬）土壤解冻后进行，可提高地温，促进山楂树萌芽和开花。覆盖时可选用黑色地膜或银色地膜，黑色地膜具有较好的除草效果，银色地膜可反射阳光，增加树冠下部的光照强度。地膜宽度应根据树冠大小确定，一般比树冠投影宽30~50cm。覆盖时将地膜拉紧铺平，使之紧贴地面，边缘用土压实，防止被风吹起。在地膜上应扎一些小孔，以便雨水渗透到土壤中。

一年生幼树采用"块状覆膜"。树盘以树干为中心做成"浅盘状",要求外高里低,以利蓄水,四周开10cm浅沟,然后将膜从树干穿下并把膜缘铺入沟内用土压实。二三年生幼树采用"带状覆膜"。顺树行两边相距65cm处各开一条10cm浅沟,再将地膜覆上。遇树开一浅口,两边膜缘铺入沟内用土压实。成龄树采取"双带状覆膜"。在树干周围1/2处用刀划10~20个分布均匀的切口,用土封口,以利降水从切口渗入树盘。两树间压一小土棱,树干基部不要用地膜围紧,应留一定空隙但应用土压实,以免烧伤干基树皮和透风。夏季进入高温季节时,注意在地膜上覆盖一些草秸等,以防根际土温过高,一般不超过30℃为宜。此外到冬季应及时清除已风化破烂无利用价值的碎膜,集中处理,以便于土壤耕作。

(三)注意事项

果园覆盖可能会为病菌提供栖息场所,引起病虫数量增加,在覆盖前要用杀虫剂、杀菌剂喷洒地面和覆盖物。平时密切注意病虫害发生情况,及时喷杀。此外,每3年应将覆盖物清理深埋,以杀灭虫卵和病菌,然后重新进行覆盖。许多病虫可在树下越冬,为避免覆草后加重病虫害的发生,春季要对树盘集中喷药防治。此外,覆草或覆秸秆的山楂园易发生火灾,因此覆草或覆秸秆的果园应在其上面压土,能有效地预防火灾和防止覆盖的草或秸秆被大风吹跑。覆草或覆秸秆的果园鼠害相对较重,应于春天和初秋在果园中均匀定点放置灭鼠药灭鼠。

四、果园生草

(一)优点

在山楂园的行间种植一些豆科或禾本科牧草,如三叶草、黑麦草等,通过牧草的生长覆盖地面,起到保墒、改良土壤的作用。一是节本增收。省去了一年3~4次的行间中耕除草,节省了劳动成本。二是增加产量,提高品质。生草栽培为果树的生长发育创造了良好的水、肥、气、热条件,提高了果树的光合效率,为高产、优质奠定了基础。三是增加土壤有机质含量,改善果园环境。果园生草可以增加土壤有机质含量,改善土壤理化性状,提高土壤微生物活性,各土层固氮菌、氨化细菌的数量明显增加,这些微生物数量的增加有利于土壤中物质的循环,进而促进土壤肥力的提高。此外,果园生草具有隔热保墒作用,缩小地温的昼夜和季节变化幅度,使土温的变化趋于平缓;在夏、秋连续高温干旱季节可提高土壤含水率,利于保持果园水土,涵养水分。

(二)生草分类

果园生草可采用自然生草和人工生草两种方式。自然生草是利用果园内自然生长的杂草,通过定期刈割控制其生长高度,使其保持在20~30cm;人工生草则是根据果园土壤条件和气候特点选择适宜的牧草品种进行种植。适宜人工生草的草种以鼠茅草、黑麦草、白三叶草、紫花苜蓿等为好。另外,还有百脉根、百喜草、草木樨、毛苕子、扁茎黄芪、小冠花、鸭绒草、早熟禾、羊胡子草、野燕麦等。

(三)人工生草的方法及管理

1. 播种前准备

播种前应细致整地,清除园内杂草,每亩撒施磷肥50kg,翻耕土壤,深度20~25cm,翻后整平地面,灌水补墒。为减少杂草的干扰,最好在播种前半个月灌水1次,诱发杂草种子萌发出土,除去杂草后再播种。

2. 播种时间

春、夏、秋季均可播种,多为春季和秋季。春播一般在3月中下旬至4月,气温稳定在15℃以上时进行。秋播一般从8月中旬开始,到9月中旬结束。最好在雨后或灌溉后趁墒进行。春播后,草坪可在7月果园草荒发生前形成。秋播,可避开果园野生杂草的影响,减少剔除杂草的繁重劳动。就果园生草草种的特性而言,白三叶、多年生黑麦草春季或秋季均可播种;放牧型苜蓿春季、夏季或秋季均可播种。

3. 草种用量

白三叶、紫花苜蓿、田菁等0.5~1.5kg/亩。黑麦草2.0~3.0kg/亩。可根据土壤墒情适当调整用种量，一般土壤墒情好，播种量宜小。土坡墒情差，播种量宜大些。一般情况下，生草带为1.2~2.0m，生草带的边缘应根据树冠的大小在60~200cm范围内变动。

4. 播种方式

条播，即开0.5~1.5cm深的沟，将过筛细土与种子以（2~3）：1的比例混合均匀，撒入沟内，然后覆土。遇土壤板结时及时划锄破土，以利出苗。7~10d即可出苗。行距以15~30cm为宜。土质好，土壤肥沃，又有水浇条件，行距可适当放宽。土壤瘠薄，行距要适当缩小。同时播种宜浅不宜深。撒播，即将地整好，把种子拌入一定的沙土撒在地表，然后用耱耱一遍覆土即可。撒播草种子不易播匀，果园土壤墒情不易控制，出苗不整齐，苗期清除杂草困难，管理难度大，缺苗断垄现象严重，对成坪不利。条播可适当覆草保湿，也可适当补墒，有利于种子萌芽和幼苗生长，极易成坪。

5. 幼苗期管理

出苗后应及时清除杂草，查苗补苗。生草初期应注意加强水肥管理，干旱时应及时灌水补墒，保持土壤湿润，以利苗期生长；并可结合灌水补施少量氮肥，待成坪后再补充磷、钾肥即可。灌水后应及时松土，清除野生杂草，尤其是恶性杂草。生草最初的几个月不能刈割，要待草根扎深，株高达30cm以上时，才能开始刈割。

在不同地区应选择抗杂草能力强的草种，并注意及时清除杂草。特别是在草尚未有效覆盖地面之前，难免发生杂草，如果不辅助人工予以控制，就可能发生草荒而导致生草栽培的失败。一般覆盖性能好的草种在充分覆盖地面后，则可以有效地抑制杂草，即使其中有少量杂草，也无妨碍。在果树树盘范围内，则需经常性地中耕除草或施用化学除草剂，或进行覆草以防止杂草危害。春季播种的，进入雨季后灭除杂草是关键。对密度较大的狗尾草、马唐等禾本科杂草，可用10.8%的盖草能乳油或5%的禾草杀星乳油500~700倍液喷雾。

生草覆盖初期，牧草与山楂树会存在一定的竞争关系，一般草种生长旺，根密度大，在山楂旺长期，常因草的吸收降低土壤中多种有效养分含量。因此，除选择根系浅、需肥少的草种外，在草的旺盛生长期还应适当补肥，加强肥水管理，促进山楂树生长。当牧草生长过高时，应及时刈割，刈割后的牧草可覆盖在树盘内或就地翻压，增加土壤有机质含量。无论采取哪种方式，都要掌握一个原则，即应该以其对果树的肥、水、光等竞争相对较小，同时又对土壤生态效应较佳，且能提高土地的利用率。

6. 成坪后管理

果园生草成坪后可保持3~6年，由于草的蒸腾耗水量大，在旱季会加剧土壤干旱。因此，为了避免生草与果树争夺水分的矛盾，应在干旱来临前及在果树肥水需求高峰期，及时割草覆盖或者及时施肥、灌水来缓解。生草应适时刈割，既可以缓和与果树争肥水的矛盾，又可增加草的产量，提高土壤有机质含量。一般每年割2~4次，灌溉条件好的果园，可以适当多割1次。割草的时间掌握在开花与初结果期，此期草内的营养物质最高。割草的高度，豆科植物如白三叶要留1~2个分枝，禾本科草要留有心叶，一般留茬高度5~10cm。避免割得过重使草失去再生能力。割草时不要一次割完，顺行留一部分草，为天敌保留部分生存环境。割下的草可覆盖于树盘上、就地撒开、开沟深埋或与土混合沤制成肥，也可作饲料还肥于园。生草成坪后，在干旱时也要适量灌水。此外，果园种草后，既为有益昆虫提供了场所，也为病虫提供了庇护场所，果园生草后地下害虫也不同程度地增加，应重视病虫防治。

7. 草的更新

在生草多年后，草层老化，草群变稀，出现"自我衰退"现象；也会造成土壤板结，通透性降低，好气性微生物活动受到抑制，土壤硝态氮含量减少，影响土壤理化性质，应及时采取更新措施。所以山楂园长期生草一般不采用全园生草，而主要采用行间生草并经常割草，株间或树盘下覆盖，以提高树盘下土壤的通透性。也可通过全园深翻或生草更新来解决，对自繁能力较强的百脉根通过复壮草群进行更新，黑麦草一般在生草4~5年及时耕翻，白三叶耕翻在5~7年草群退化后进行，休闲1~2年重新生草。

（四）行间生草对山楂园土壤养分、酶活性及微生物的影响

1. 行间生草对山楂园土壤养分含量的影响

行间生草有利于提高山楂园土壤养分含量。由表6-1可以看出，随着土

壤深度的增加，土壤有机质、碱解氮、速效钾和速效磷含量依次降低。山楂园行间种植毛苕子和黑麦草显著提高0~20cm、20~40cm土层的有机质含量，与清耕（对照）相比分别提高37.7%、33.2%和29.7%、27.7%，但对40~60cm土层的有机质含量没有显著影响。行间种植毛苕子和黑麦草使各个土层的碱解氮、速效磷、速效钾含量均显著高于清耕，其中毛苕子处理对0~20cm、20~40cm、40~60cm土层的碱解氮含量提高幅度最大，增幅分别为47.8%、32.4%和32.0%；黑麦草处理对各个土层的速效钾含量提高幅度最大，分别为11.2%、24.4%和15.9%；此外，黑麦草处理对0~20cm、20~40cm土层的速效磷含量提高幅度更大，分别为42.3%和28.6%（王宝广等，2021）。

表6-1 行间生草对山楂园土壤养分含量的影响

土层深度/cm	生草处理	有机质含量/（g/kg）	碱解氮含量/（mg/kg）	速效磷含量/（mg/kg）	速效钾含量/（mg/kg）
0~20	毛苕子	12.63±0.44a	63.85±1.81a	97.23±0.51a	153.67±2.73a
	黑麦草	12.22±0.11a	52.88±1.29b	106.16±6.76a	158.67±1.20a
	清耕	9.18±0.52b	43.19±0.63c	74.58±2.02b	142.67±0.33b
20~40	毛苕子	10.46±0.08a	51.36±1.45a	77.75±2.14b	133.00±2.08a
	黑麦草	10.31±0.20a	44.53±0.66b	86.96±0.28a	144.33±1.20a
	清耕	8.07±0.03b	38.78±0.63c	67.6±0.77c	116.00±5.13b
40~60	毛苕子	8.60±0.12a	42.10±1.19a	47.22±1.07b	123.67±1.20b
	黑麦草	7.72±0.39a	35.30±0.99b	54.44±1.18a	129.00±1.00a
	清耕	7.53±0.25a	31.9±0.89b	41.88±0.55c	111.30±1.08c

注：同列数据后不同小写字母表示差异显著（$P<0.05$），下同。

2. 行间生草对山楂园土壤酶活性的影响

由图6-1至图6-3可知，山楂园土壤蔗糖酶、磷酸酶、脲酶活性随着土层加深而逐渐降低。行间种植毛苕子和黑麦草均可显著提高0~20cm、20~40cm土层的蔗糖酶、磷酸酶和脲酶活性，但毛苕子处理增幅大于黑麦草处理。在0~20cm土层，毛苕子处理的土壤蔗糖酶、磷酸酶和脲酶活性分别提高55.1%、47.8%和107.8%，在20~40cm土层，增幅分别为65.7%、40.6%和67.9%；在40~60cm土层，毛苕子处理显著提高山楂园土壤蔗糖酶和磷酸酶活性，分别提高37.4%和35.8%，而黑麦草处理与清耕相比差异不显著。

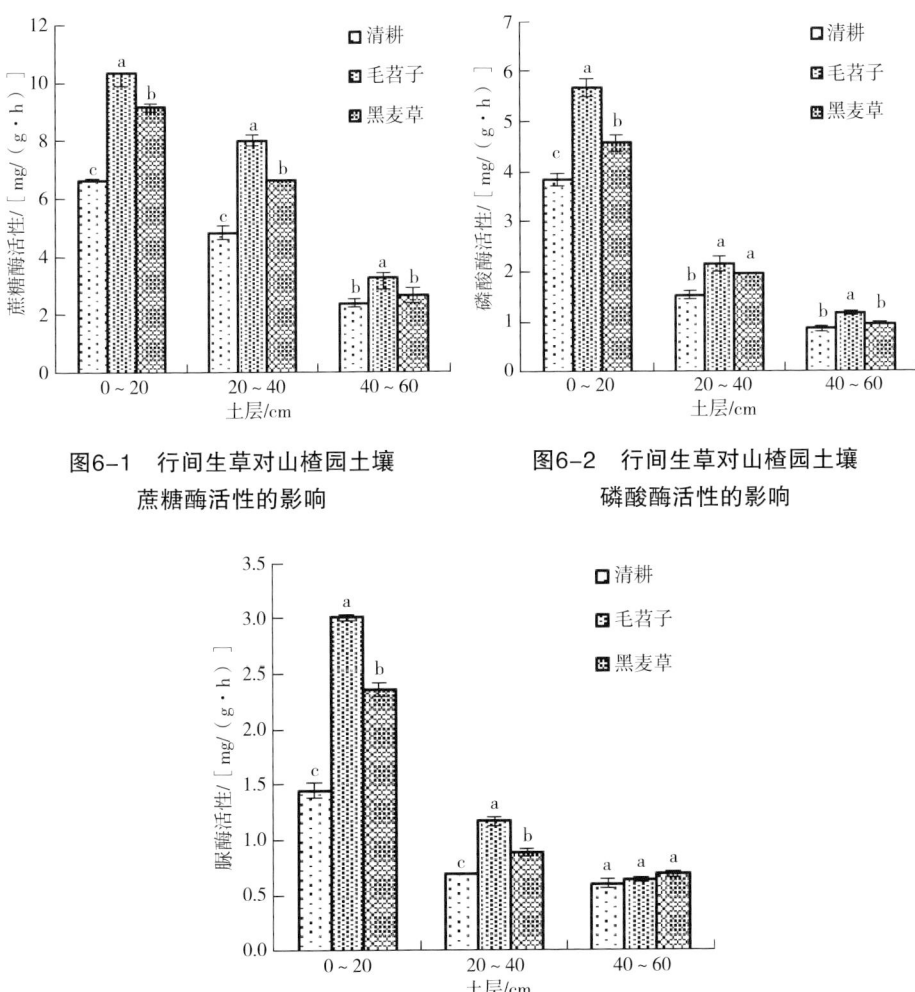

图6-1　行间生草对山楂园土壤蔗糖酶活性的影响

图6-2　行间生草对山楂园土壤磷酸酶活性的影响

图6-3　行间生草对山楂园土壤脲酶活性的影响

3. 行间生草对山楂园土壤微生物的影响

由表6-2可知，行间生草显著增加山楂园各个土层的土壤细菌、真菌和放线菌数量，其中细菌和放线菌的数量提高幅度较大，且毛苕子提高幅度大于黑麦草，分别使0~20cm、20~40cm和40~60cm土层的细菌数量增加176.4%、130.5%和80.9%，放线菌数量增加38.8%、46.6%和37.2%。

表6-2 行间生草对山楂园土壤微生物的影响

土层深度/cm	生草处理	细菌数量/($\times 10^6$CFU/g)	真菌数量/($\times 10^4$CFU/g)	放线菌数量/($\times 10^6$CFU/g)
0~20	毛苕子	1.76 ± 0.02a	3.37 ± 0.09b	4.37 ± 0.06a
	黑麦草	1.57 ± 0.03b	3.61 ± 0.04a	3.12 ± 0.05b
	清耕	0.64 ± 0.02c	3.07 ± 0.05c	3.15 ± 0.12b
20~40	毛苕子	1.87 ± 0.02a	3.69 ± 0.02b	5.47 ± 0.07a
	黑麦草	1.69 ± 0.02b	3.80 ± 0.03a	3.90 ± 0.06b
	清耕	0.81 ± 0.03c	3.48 ± 0.02c	3.73 ± 0.06c
40~60	毛苕子	1.51 ± 0.04a	3.57 ± 0.04a	4.89 ± 0.08a
	黑麦草	1.45 ± 0.03a	3.64 ± 0.05a	3.79 ± 0.03b
	清耕	0.84 ± 0.05b	3.39 ± 0.05b	3.56 ± 0.04c

行间生草可显著增加山楂园土壤有机质和矿质养分含量，提高土壤蔗糖酶、磷酸酶和脲酶的活性以及土壤细菌、真菌和放线菌等微生物的数量，从而改善土壤肥力，为山楂园优质增产奠定基础。综合来看，毛苕子较黑麦草更适宜在山楂园中推广（王宝广等，2021）。

第二节 施肥管理

山楂树生长发育过程中需要从土壤中吸收多种营养元素，施肥是补充土壤养分、满足山楂树生长需求、提高果实产量和品质的重要措施。合理的施肥管理能够促使山楂树的生长健壮，促进花芽分化，增强树体的抗逆性，提高果实的产量和品质，防止大小年，延长结果年限，增加经济效益。

第六章 山楂肥水管理技术

一、营养需求特点

（一）不同生长阶段的需求差异

山楂树在不同生长发育阶段，对养分的需求种类和数量存在明显差异。在幼树期，山楂主要以营养生长为主，侧重于树冠的形成与根系的扩展。此阶段需要大量的氮素营养来促进枝梢的快速生长和叶片的形成，一方面为树冠的扩大奠定基础，另一方面增强光合作用，为树体构建良好的营养制造体系。此时，对磷、钾等养分的需求相对较少，但适量的磷、钾肥有助于根系的发育和枝干的木质化，更好地吸收水分与养分，为树体的稳固生长奠定基础。

随着山楂逐渐进入结果初期，其营养生长与生殖生长并行，对磷、钾元素以及中微量元素的需求开始逐步增加。磷元素除继续助力根系发育外，还对花芽分化有着重要的促进作用，能够提高花芽的质量与数量，为后续的结果做好准备；钾元素在这一时期对于增强树体的抗逆性，如抗旱、抗寒、抗病能力等方面表现突出，同时也能促进果实的初期发育，提高果实的坐果率与早期生长速度。

进入盛果期后，山楂树为了维持大量果实的生长发育、品质形成以及树体的正常生理功能，对钾元素的需求达到高峰，同时对钙、硼等中微量元素的需求也更为迫切。钾元素能显著促进果实的膨大与成熟，提升果实的口感、色泽、糖分含量以及耐贮性；钙元素对于细胞壁的构建与稳定不可或缺，可有效预防果实出现诸如苦痘病、脐腐病等生理性病害，保障果实的外观与品质；硼元素则主要参与花粉萌发、花粉管伸长以及受精过程，对提高坐果率、减少落花落果具有重要意义，并且能促进果实中糖分的运输与积累，提升果实风味。

（二）对主要营养元素的需求

1. 大量元素

山楂树在生长过程中，对多种营养元素有着不同程度的需求。其中，氮、磷、钾是三大主要元素，对植株的生长、花芽分化、果实膨大等生理过程影响显著。氮素是山楂树生长发育所必需的大量元素之一，它参与植物体内蛋白质、核酸、叶绿素等重要物质的合成，也是许多酶、生物碱和维生素的组成部分，对枝梢生长、叶片增大和光合作用具有显著影响。缺氮时，山楂树叶片发黄，新梢细弱、生长量小，隔年结果现象明显，严重影响树体的生长和产量。然而，氮素过多也会导致枝梢徒长，花芽分化不良，组织不充实，抗性下降，果实品质变差。

磷元素在山楂树的能量代谢、遗传信息传递和果实发育过程中起着关键作用。它能促进细胞分裂，增强树的生命力，促进花芽分化和根系生长，提高花芽分化质量，增强根系对养分和水分的吸收能力，增加果实中的糖分和维生素含量。山楂树缺磷时，萌芽晚，萌芽率低，叶片呈暗绿色或紫红色，根毛粗大而发育不良，分蘖明显减少，果实小且品质差。磷素过剩会抑制氮和钾的吸收，使土壤中的铁不活化，并诱发锌、铁、镁缺乏症，使叶片发黄。因此，施磷要注意与氮、钾等元素比例协调。

钾元素以酶的活化剂形式广泛影响植物的生长和代谢，因此钾与山楂树的光合作用、碳水化合物代谢、蛋白质合成以及抗逆性密切相关。适量的钾素供应能提高山楂树的光合效率，促进糖分的合成和运输，使果实饱满、色泽鲜艳、口感好，增强树体的抗寒、抗旱和抗病能力。缺钾时，山楂树叶片边缘发黄，出现焦枯现象，果实小，含糖量降低，且易发生日灼病，品质下降。钾素过剩时，枝条不充实，并使钙、镁的吸收受阻。

2. 中微量元素

除氮、磷、钾三大主要元素外，山楂树还需要钙、镁、硼、锌、铁、锰等中微量元素。钙元素有助于细胞壁的形成和稳定，提高果实的硬度和耐贮性，可有效预防果实生理性病害，如苦痘病、水心病等。硼对生殖器官有促进作用，可以刺激花粉的萌发和花粉管的伸长，有利于受精过程，提高坐果率；还能增强树体对钙的吸收和利用，促进氮素的吸收，增强光合作用；缺硼表现为受精不良，花而不实，出现落花落果，果实畸形；还会影响根系的发育和光合作用；硼用量过多也会发生毒害，表现为叶面发皱，叶色发白，叶缘黄化、变褐。铁是叶绿素形成不可缺少的元素，直接或间接地参与叶绿体蛋白质的形成，促进呼吸作用；缺铁会发生叶片黄化或白化，在一些多钙质偏碱性土壤的山楂园，叶片黄化率有时高达60%；如果施铁过量则增大了磷的固定，降低了磷的肥效。锌是植物体内碳酸酐酶的成分，能促进碳酸分解过程，与光合、呼吸及碳水化合物的合成、转运关系密切；缺锌会使节间缩短，叶片变小、变形，叶脉间出现黄白斑点，细根发育不全；若含锌过量，会出现幼叶黄化，并产生赤褐色斑点。镁元素是叶绿素的组成成分，参与光合作用和许多酶的活化，缺镁会妨碍叶绿素形成，使叶片出现网状黄化。钼存在于生物酶中，是硝酸还原酶的组分，能促进植物固氮和光合作用。锰元素在光合作用和氮代谢中发挥作用。这些中微量元素虽然在山楂树体内的含量相对较少，但对生长发育和果实品质同样具有不可或缺的作用，缺少任何一种都会影响植株正常生长和产量。

二、施肥原则

（一）有机肥与化肥相结合

有机肥是一种完全肥料，含有丰富的有机质、氮、磷、钾及各种中微量元素，且肥效持久，能够为山楂提供全面的营养，改善土壤结构，增强土壤保水保肥能力，促进土壤微生物活动，提高土壤肥力，是山楂树优质高产的基础肥料。化肥具有养分含量高、肥效快、施用方便等特点，能够及时满足山楂树生长发育对养分的需求。尤其是施用化肥可迅速补充树体在不同生长阶段对特定养分的迫切需求，如在生长旺盛期对氮素的大量需求，以及果实膨大期对钾素的特殊需要等。但化肥长期大量施用会导致土壤板结、酸化、盐渍化等问题，影响土壤肥力和山楂树的生长发育。因此，在山楂园施肥中，应将有机肥与化肥相结合，以有机肥为主，化肥为辅，充分发挥二者的优势，既能保证树体长期稳定的营养供应，又能满足其短期快速生长的养分要求，实现养分供应的长短结合、缓急相济。

（二）平衡施肥

山楂生长发育需要多种营养元素，且各种元素之间存在着相互促进或相互制约的关系。在重视氮、磷、钾大量元素施用的基础上，必须充分关注中微量元素的补充。山楂生长过程中，中微量元素如钙、镁、硼、锌等在许多生理过程中发挥着关键作用。例如，钙参与细胞壁合成，硼促进生殖生长，锌影响生长素合成等，缺乏任何一种中微量元素都可能导致树体生长发育异常、抗逆性下降、果实品质降低等问题。因此，在施肥时应遵循平衡施肥的原则，根据土壤检测结果和山楂树生长表现，合理调配大量元素与中微量元素肥料的施用比例，避免因某种元素缺乏或过量而影响树体的正常生长和果实品质。例如，在施氮肥时，应注意配合磷、钾肥的施用，以提高氮肥的利用率；在酸性土壤中，应适当补充钙、镁等碱性元素，以调节土壤酸碱度。

（三）基肥与追肥相配合

基肥作为山楂树全年施肥的基础，应施足、施好。一般在秋季果实采收后至冬季土壤封冻前施入，此时地温较高，根系仍有较强的吸收能力，施入的基肥能够在较长时间内持续分解转化，为树体在冬季休眠期积累充足的养分，并为第二年春季的萌芽、展叶、开花等生长过程提供有力支持。肥料种类以有机肥为主，配合适量的化肥和中微量元素肥料。

追肥则是在基肥的基础上，根据山楂不同生长阶段具体生长发育状况和需肥特点进行的施肥，如萌芽期追施氮肥促进新梢生长，花期喷施硼肥提高坐果率，果实膨大期追施钾肥促进果实发育等。肥料种类主要以化肥为主，目的是及时补充树体生长所需的养分，调节树体生长与结果的关系，提高果实产量和品质。追肥的次数和时间应根据山楂树的树龄、生长势、结果情况以及土壤肥力等因素灵活确定，一般在萌芽期、花期、果实膨大期等关键时期进行追肥。需要注意，追肥应适时适量，精准满足树体在各个关键时期的养分需求，避免过量追肥造成资源浪费或肥害。

（四）因树施肥

不同树龄、不同生长势和不同结果情况的山楂树对养分的需求存在差异。幼树期应以促进营养生长为主，对氮肥需求相对较大，但施肥量应适当控制，避免施肥过多导致树体徒长；结果初期应在保证树体生长的前提下，逐渐增加磷、钾肥的用量，促进花芽分化和结果；盛果期树体结果量大，消耗养分多，应加强施肥管理，增加施肥量和施肥次数，及时补充树体养分消耗；衰老期树体生长势衰弱，应多施有机肥和氮肥，适当减少磷、钾肥用量，以促进树体更新复壮。对于生长势强的树，应减少氮肥用量，控制树体生长；对于生长势弱的树，则应增加施肥量，促进树体生长。此外，不同土壤类型、肥力水平的果园，施肥措施也应有所不同。土壤肥沃、保肥能力强的果园，施肥量可相对减少；而土壤贫瘠、肥力低下的果园，则需加大施肥量，并注重有机肥和中微量元素肥的施用，以改良土壤结构，提高土壤肥力。

三、基肥的施用

（一）施用时期

基肥是山楂树施肥管理中的重要环节，主要在秋季或结合深翻施入，越早越好，最佳施用时间为秋季果实采收后至落叶前。此时期地温尚高，山楂树地上部分生长逐渐减缓，根系进入生长高峰期，施入基肥后，肥料能够在土壤中得到充分分解和转化，有利于根系吸收利用，为树体积累养分，增强树体的越冬抗寒能力，同时也为第二年的萌芽、开花、结果奠定良好的物质基础。在北方寒冷地区，秋季早施基肥更为重要，一般在9月下旬至10月中旬进行；南方地区可适当推迟至11月上旬。但无论在哪个地区，都应避免基肥施用过晚，以免因根系生长受阻或土壤温度过低而影响肥料的分解和吸收，降低基肥的效果。

（二）基肥种类与选择

基肥种类主要以有机肥为主，化肥为辅。有机肥包括农家肥和商品有机肥。农家肥如腐熟的猪粪、牛粪、羊粪、鸡粪等，具有养分全面、肥效持久、改良土壤结构等优点。其中，猪粪含有较多的氮素；牛粪质地细密，肥效较缓；羊粪氮、磷、钾含量相对较高且分解较快；鸡粪养分含量丰富，尤其是磷、钾元素，但鸡粪在施用前必须充分腐熟，否则容易烧根并传播病虫害。商品有机肥是经过工厂化加工生产的有机肥，其原料来源广泛，包括动植物残体、城市生活垃圾、工业有机废弃物等，经过发酵、腐熟、除臭等处理后制成。商品有机肥一般具有质量稳定、养分含量标识明确、无害化处理较为彻底、使用方便等特点，且一些优质商品有机肥还添加了有益微生物菌群，能进一步改善土壤微生物环境，增强土壤肥力。

在选择基肥时，应根据当地的资源条件、土壤肥力状况以及经济成本等因素综合考虑。如果当地有丰富的农家肥资源，可优先选择腐熟的农家肥，并结合适量的商品有机肥使用；如果农家肥获取不便或质量难以保证，可选用质量可靠的商品有机肥作为基肥。

根据土壤肥力状况和树体大小，一般每株山楂树可施用农家肥30～50kg或商品有机肥10～20kg。在施用有机肥的同时，配施适量的化肥作为基肥。一般每株可添加尿素0.75～1.0kg、过磷酸钙2～3kg、硫酸钾0.5～1.0kg。过磷酸钙能补充土壤中的磷元素，促进根系生长和花芽分化；硫酸钾可提高树体的钾素储备，有利于果实品质提升和树体抗逆性增强。

（三）施用方法

基肥的施用方法主要有环状沟施、条状沟施、放射状沟施和全园撒施等。

1. 环状沟施

环状沟施是在树冠投影外缘挖一条环状沟，沟宽30～40cm，沟深30～50cm。将有机肥、化肥和中微量元素肥料等均匀施入沟内，然后覆土填平。这种方法适用于幼龄树和初结果树，能够使肥料集中在根系分布范围内，提高肥料的利用率。

2. 条状沟施

条状沟施是在树冠投影外缘两侧各挖一条平行的条状沟，沟宽30～50cm，沟深40～60cm。施肥方法与环状沟施相同。这种方法适用于成年山楂树，施肥范围广，可减少伤根数量，且能对土壤进行局部改良，同时便于机械化操作。

3. 放射状沟施

放射状沟施是在树冠投影下距树干一定距离处，向外呈放射状挖4～6条沟，沟宽30～40cm，沟深30～60cm，内浅外深。每年要更换开沟的部位，以利肥料分布均匀，根系分布合理。放射状沟施能使肥料均匀分布在根系周围，伤根较少，适用于成年大树。

4. 全园撒施

全园撒施是将肥料均匀撒在果园地面上，然后结合深翻将肥料翻入土中，翻土深20cm左右。这种方法施肥面积大，肥料分布均匀，但肥料利用率相对较低,适用于根系密布全园的成年果园或密植果园。

无论采用哪种施肥方法,施肥后都应及时浇水,以促进肥料溶解和根系吸收,提高基肥的利用率。

四、追肥的施用

追肥是在山楂树生长季节根据其不同生长发育阶段的需求进行的施肥措施,旨在及时补充树体所需养分,满足其快速生长、花芽分化、果实膨大等生理过程对营养的迫切需求。

(一)施用时期

1. 萌芽期追肥

一般在春季山楂树萌芽前1~2周进行,可促进新梢萌发和叶片生长,为树体的生长发育提供充足的氮素营养。此时追肥以氮肥为主,配合适量的磷肥和钾肥。对于幼树和结果初期的树,每株可追施尿素0.2~0.5kg;对于盛果期的树,每株追施尿素0.5~1.0kg。

2. 花期追肥

在山楂树开花前1周左右进行。此时追肥可提高树体营养水平,促进花芽发育,提高坐果率。肥料以氮肥和硼肥为主,除适量尿素(每株0.3~0.5kg)外,可每株增施硼砂0.1~0.2kg。也可在初花期至盛花期喷施0.2%~0.3%的硼砂溶液或硼酸溶液1~2次,同时可配合喷施0.3%的磷酸二氢钾溶液。但要注意控制氮肥用量,以免引起枝叶徒长,影响坐果。

3. 果实膨大期追肥

果实膨大期是山楂树对养分需求的高峰期,尤其是对钾肥的需求量较大。一般在果实开始膨大后的6—8月进行追肥,每株追施高钾复合肥1~2kg或硫酸钾0.5~1kg,同时可配合喷施0.3%~0.5%的磷酸二氢钾溶液2~3次,以促进果实膨大,提高果实品质和产量。

4. 采果后追肥

山楂采果后,树体消耗了大量养分,为了恢复树势,促进花芽分化和根系生长,可在采果后及时进行追肥。此次追肥以氮肥为主,配合适量的磷肥和钾肥，每株可追施复合肥0.5~1kg或尿素0.3~0.5kg、过磷酸钙0.5~1.0kg、硫酸钾0.3~0.5kg。

在实际生产中，追肥的次数和时间可根据山楂树的生长状况、土壤肥力、气候条件以及栽培管理水平等因素进行适当调整。例如，在土壤肥力较低、树势较弱或结果较多的情况下，可适当增加追肥次数；而在土壤肥沃、树势健壮的情况下，可减少追肥次数或降低追肥量。

（二）追肥种类与选择

山楂树追肥主要以速效化肥为主，包括氮肥、磷肥、钾肥以及各种复合肥、微量元素肥等。

1. 氮肥

常用的有尿素、碳酸氢铵等，能促进枝叶生长，增加叶片叶绿素含量，提高光合效率。在山楂树生长前期，尤其是幼树期和萌芽期，氮肥的施用对促进树体营养生长起着重要作用。

2. 磷肥

主要有过磷酸钙、磷酸二铵等，可促进根系发育、花芽分化和果实发育。在花期、幼果期适量施用磷肥，有助于提高坐果率和果实品质。

3. 钾肥

如硫酸钾、氯化钾等，能增强山楂树的抗逆性，促进碳水化合物的合成与运输，提高果实的糖分含量、色泽和硬度。在果实膨大期，钾肥的需求量较大，合理施用钾肥可显著改善果实品质。

4. 复合肥

复合肥是含有氮、磷、钾等多种营养元素的肥料，具有养分含量高、物理性状好、副成分少等优点，可根据山楂不同生长时期的需求选择不同配比的复合肥，如高氮复合肥适用于萌芽期和新梢生长期，高钾复合肥适用于果实膨大期。

5. 微量元素肥

如硼肥、锌肥、铁肥、锰肥等，虽然在山楂树体内含量极少，但对其生长发育起着不可或缺的作用。硼肥能促进花粉萌发和花粉管伸长，提高坐果率；锌肥参与生长素的合成，影响树体的生长和发育；铁肥和锰肥与叶绿素的合成及光合作用密切相关。在山楂出现微量元素缺乏症状时，应及时喷施相应的微量元素肥进行补充。

（三）施用方法

1. 土壤追肥

土壤追肥主要采用沟施或穴施的方法。沟施可分为环状沟施、放射状沟施和条沟施，其操作方法与基肥施用的沟施方法类似，但追肥沟的深度一般较浅，为15～20cm。穴施是在树冠投影范围内，均匀挖若干个小穴，穴深15～20cm，将肥料施入穴内后覆土。土壤追肥时，应注意肥料的均匀分布，避免局部肥料浓度过高而造成烧根现象。施肥后应及时浇水，以促进肥料的溶解和根系的吸收。

2. 叶面追肥

叶面追肥是将肥料溶解在水中，配制成一定浓度的溶液，然后通过喷雾器将溶液均匀喷施在山楂树的叶片表面。叶面追肥具有吸收快、作用强、用量少等优点，能在短时间内补充树体所需的养分，尤其适用于微量元素缺乏症的矫正和某些特殊生长时期的营养补充。例如，在山楂树花期喷施硼肥溶液可提高坐果率；在果实膨大期喷施磷酸二氢钾溶液可促进果实着色和糖分积累。

叶面追肥常用的肥料及浓度为：尿素0.3%～0.5%、磷酸二氢钾0.2%～0.3%、硼砂0.1%～0.2%、硫酸锌0.1%～0.2%等。由于在阴天、早晨和晚上，肥液在叶片和枝梢保持湿润的时间，比晴天和中午肥液保持时间相对较长，故根外追肥应选在阴天或晴天的早（10时前）晚（16时以后）进行，以提高肥料的吸收率；又由于叶片背面气孔比正面密度大，故根外追肥应重点喷布在叶背。避免在高温强光时段喷施，以免灼伤叶片。

五、施肥量的确定

山楂树施肥量的确定需要综合考虑多种因素，包括树龄、树势、土壤肥力、产量目标等。

（一）树龄与施肥量

1. 幼树期（1~3年生）

幼树施肥的主要目的是促进枝梢生长，扩大树冠，培养良好的树形。由于树体较小，生长量相对有限，施肥量不宜过多。一般每年每株施用有机肥10~20kg，氮肥（尿素）0.2~0.5kg、磷肥（过磷酸钙）0.2~0.3kg、钾肥（硫酸钾）0.1~0.2kg。

2. 结果初期（4~6年生）

树体开始结果，营养生长与生殖生长并进，施肥量应逐渐增加。每年每株有机肥用量可提高到20~30kg，氮肥0.5~1.0kg、磷肥0.3~0.5kg、钾肥0.2~0.5kg。

3. 盛果期（7年生及以上）

树体消耗养分较多，为维持高产优质，施肥量需进一步加大，且要根据树体生长状况、结果量、土壤肥力等因素进行灵活调整。每株有机肥用量应达到30~50kg，氮肥1.0~2.0kg、磷肥0.5~1.0kg、钾肥1~2.0kg。同时，根据土壤中微量元素含量状况，适时补充中微量元素肥料。

（二）土壤肥力与施肥量

土壤肥力高的果园，可适当减少施肥量；而土壤贫瘠的果园，则需增加施肥量。在土壤肥力测定的基础上，对于有机质含量丰富，氮、磷、钾等大量元素含量较高的土壤，施肥量可减少20%~30%；对于土壤有机质含量低、养分缺乏的果园，施肥量应增加30%~50%。例如，土壤中有效磷含量较高时，磷肥的施用量可适当减少；土壤钾素不足时，则应增加钾肥施用量。

（三）产量目标与施肥量

以产量定施肥量也是常用的方法之一。一般每生产100kg山楂果实，需施用纯氮0.5~0.8kg、纯磷0.3~0.5kg、纯钾0.5~0.7kg。按照预期的产量目标计算出所需的氮、磷、钾总量，再结合土壤肥力状况和树体营养状况，合理分配基肥和追肥的用量，并确定中微量元素肥料的补充量。例如，若计划每亩山楂园产量为2 000kg，则需纯氮10~16kg、纯磷6~10kg、纯钾10~14kg。然后根据基肥和追肥的不同时期和作用，将这些肥料合理分配到各个施肥环节中。

六、水肥一体化技术

水肥一体化技术又称为"水肥耦合""随水施肥""灌溉施肥"等，是将精确施肥与精确灌溉融为一体的农业新技术，通过滴灌、微喷灌等灌溉系统，根据作物需水、需肥规律和土壤养分状况，将可溶性肥料溶解在水中，在灌溉的同时进行施肥，实现水和肥的精准供应，作物在吸收水分的同时吸收养分。

水肥一体化技术的优点主要为节水、节肥、省工、优质、高产、高效、环保等。具体表现在：首先，显著提高肥料利用率。水肥同步供应，使肥料能够迅速被根系吸收利用，减少了肥料的挥发、淋失和固定，肥料利用率可比传统施肥方式提高20%~30%。其次，精准调控水分和养分供应。根据山楂不同生长阶段的需求，精确控制灌溉水量和施肥量，避免了水分和养分的浪费，同时也能有效防止因过度灌溉或施肥造成的土壤盐渍化、板结等问题。该技术与常规施肥相比，节水节肥可达50%以上。再次，节省劳动力成本。采用自动化的灌溉施肥系统，减少了人工施肥和浇水的次数和劳动强度，提高了生产效率。比传统施肥方法节省施肥劳动力90%以上，一人一天可以完成几十公顷土地的施肥，灵活、方便、准确地控制施肥时间和数量。最后，有利于改善果园小气候。通过精准的水分管理，调节果园土壤湿度和温度，为山楂生长创造良好的环境条件，促进果实品质的提升。因此，有条件的山楂园建议安装水肥一体化设备。

（一）系统组成与设备选择

1. 水源工程

水源是水肥一体化系统的基础，可选择河水、井水、水库水等作为灌溉水源。要求水源水质符合灌溉用水标准，无杂质、无污染，酸碱度适中。对于水质较差的水源，需要进行预处理，如沉淀、过滤、消毒等，以防止堵塞灌溉系统管道和喷头。

2. 首部枢纽

首部枢纽是整个水肥一体化系统的控制中心，主要包括水泵、动力机、施肥装置、过滤设备、压力和流量监测仪表等。

3. 水泵与动力机

根据水源水位、灌溉面积和所需流量扬程等参数选择合适的水泵类型和功率。常用的水泵有离心泵、潜水泵等，动力机可选用电动机或柴油机。

4. 施肥装置

施肥装置用于将肥料溶解并注入灌溉水中。常见的施肥装置有文丘里施肥器、压差式施肥罐、比例式注肥泵等。文丘里施肥器结构简单、成本低，但施肥精度相对较低；压差式施肥罐施肥均匀性较好，但施肥量有限；比例式注肥泵施肥精度高、可调节范围大，但价格较高。可根据实际需求和经济条件选择合适的施肥装置。

5. 过滤设备

为防止灌溉水中的杂质堵塞滴头或喷头，需要安装过滤设备。常用的过滤设备有沙石过滤器、网式过滤器、叠片式过滤器等，可根据水源水质情况选择单一过滤器或组合使用，以达到良好的过滤效果。

6. 压力和流量监测仪表

用于监测灌溉系统的压力和流量，以便及时调整水泵运行参数和施肥浓度，保证系统正常运行。

7. 输配水管网

输配水管网将首部枢纽处理后的水和肥输送到田间各个灌溉点。一般包括干管、支管和毛管3级管道。干管和支管通常采用PVC管、PE管等材质，具有耐腐蚀、耐高压等特点；毛管则根据灌溉方式选择滴灌管、微喷带等，滴灌管滴头间距和流量要根据山楂树的株行距及需水特性进行选择，微喷带的喷幅和喷水量要满足灌溉区域的要求。

8. 灌水器

灌水器是水肥一体化系统的末端设备，直接将水和肥施用到山楂根系周围。常用的灌水器有滴头、微喷头等。滴头流量小、水滴缓慢滴入土壤，适用于干旱半干旱地区或对水分需求较为精准的作物；微喷头喷洒范围较大、水滴较细，可用于灌溉面积较大或需要调节果园小气候的情况。

（二）肥料选择与配方

1. 肥料种类

适合水肥一体化的肥料主要是水溶性肥料，包括大量元素水溶肥（如氮、磷、钾含量不同配比的水溶肥）、中微量元素水溶肥、氨基酸水溶肥、腐植酸水溶肥等。这些肥料溶解度高、杂质少，能够迅速溶解在水中，且不会产生沉淀和堵塞管道。

2. 肥料配方

根据土壤养分状况和山楂不同生长阶段的需肥特点，制定相应的水溶肥配方。在山楂幼树期，可选用高氮型水溶肥，促进枝梢生长；结果初期，适当增加磷、钾肥比例，促进花芽分化和果实发育；盛果期，以高钾型水溶肥为主，同时补充中微量元素肥料，提高果实品质和产量。例如，在山楂花期，可施用氮、磷、钾比例为1∶0.5∶1的水溶肥，配合硼、锌等微量元素肥料，促进花芽分化和开花坐果；果实膨大期，施用氮、磷、钾比例为1∶0.3∶1.5的高钾型水溶肥，有助于果实的膨大与着色。

（三）灌溉制度与施肥制度的制定

1. 灌溉制度

根据山楂园的土壤类型、气候条件、树体生长状况等因素确定灌溉定额和灌溉周期。一般在萌芽期、花期、果实膨大期等需水关键时期，适当增加灌溉量和灌溉频率；在雨季或土壤湿度较大时，减少灌溉或停止灌溉。例如，在干旱地区，山楂萌芽期灌溉定额可为$10\sim15m^3$/亩，灌溉周期为$7\sim10d$；果实膨大期灌溉定额可增加到$15\sim20m^3$/亩，灌溉周期缩短为$5\sim7d$。

2. 施肥制度

结合灌溉制度，确定施肥时间、施肥量和施肥浓度。施肥时间一般选择在灌溉的前期或中期，以便肥料能够随水均匀分布到根系周围。施肥量根据肥料配方和目标产量计算确定，施肥浓度要严格控制在合理范围内，避免浓度过高造成烧根现象。例如，在使用大量元素水溶肥时，施肥浓度一般控制在0.1%~0.3%，中微量元素水溶肥浓度可适当降低。在山楂生长前期，施肥量可相对较少，随着生长进程逐渐增加施肥量，在盛果期施肥量达到最高。

（四）系统运行与管理

1. 系统调试与运行

在水肥一体化系统安装完成后，要进行全面调试，检查水泵、施肥装置、管道、喷头等设备是否正常运行，压力和流量是否符合设计要求。调试正常后，按照制定的灌溉施肥制度进行系统运行操作。在运行过程中，要密切关注系统的压力、流量、施肥浓度等参数，及时调整和处理异常情况。灌溉施肥的程序：第一阶段，选用不含肥的水湿润。第二阶段，施用肥料溶液灌溉。第三阶段，用不含肥的水清洗灌溉系统。

2. 设备维护与保养

定期对水肥一体化系统的设备进行维护保养，包括清洗过滤器，检查管道连接处是否漏水，维修或更换损坏的喷头和滴头，保养水泵和施肥装置等。一般在每个灌溉施肥季节结束后，对系统进行全面检修和保养，确保设备在下一灌溉施肥季节能够正常运行。

3. 水质监测与管理

定期监测灌溉水源的水质，尤其是酸碱度、硬度、电导率等指标，防止因水质变化导致管道堵塞或肥料沉淀。如发现水质不符合要求，及时采取相应的处理措施，如调整酸碱度、进行软化处理等。

第三节　水分管理

水是山楂树生长发育过程中不可或缺的重要物质。科学合理的水分管理，能够为山楂的优质高效栽培创造有利条件，直接影响山楂树的生长态势、果实产量以及品质优劣。

一、需水特点

山楂树在不同生长发育阶段对水分有着不同的要求。

在萌芽期，适量的水分供应能够促使芽体顺利萌发，为新梢生长和叶片展开奠定基础，此时土壤相对含水量宜保持在60%~70%。

新梢生长期，山楂树生长迅速，对水分需求较大，若水分不足，新梢生长缓慢、节间缩短，影响树冠的形成和扩展，此阶段土壤含水量以70%~80%较为适宜。

花期是山楂树生殖生长的关键阶段，对水分的变化极为敏感，过多或过少的水分均可能导致落花落果；一般土壤相对含水量稳定在60%~70%，才能为山楂树的授粉受精过程提供良好的环境，确保坐果率不受影响。

果实膨大期是山楂需水的关键时期，需要大量的水分来支持果实的快速生长与发育；充足的水分供应能够促进果实细胞分裂和膨大，使果实体积不断增大，果肉充实饱满，此时土壤含水量应维持在70%~80%。

而在山楂生长后期，适当控制水分，有利于果实糖分积累和成熟，以及枝条的木质化；过多的水分可能会导致果实贪青晚熟，糖分积累减少，风味变淡，同时还会降低果实的耐贮性，容易引发病害。因此，成熟期土壤相对含水量应控制在50%~60%，这样既能保证果实正常成熟，又能提高果实的品质与贮藏性能。当山楂进入休眠期后，其生理活动逐渐减缓，对水分的需求也相应减少。此时，土壤适度干燥有利于山楂安全越冬，一般情况下，休眠期土壤相对含水量保持在40%~50%即可。在冬季干旱地区，也需要适时进行少量的补水。

二、灌水时期

山楂的灌水时期一般应掌握在每次施肥以后必须浇水，如催芽水、花前水、花后水和保果水等，灌水量要根据降水量和土壤含水量来决定。春旱时多灌水，雨季不灌水，秋旱时要灌水，秋施基肥后灌大水，封冻前灌封冻水。以保持土壤含水量在田间最大持水量的60%~80%为最好。

具体到一个山楂园是否需要灌水，必须以土壤含水率的测定为依据。除使用仪器测定外，也可用手测法和目测法来判断大体的含水量。取山楂园根系集中分布层土壤,用手紧握土团,挤压时土团不碎裂,说明土壤湿度在安全范围内,此时一般不需灌水。如果手松开后,不能形成土团,或稍微挤压土团即破碎,说明土壤湿度已低于安全范围的临界点,需要灌水。

适宜的灌水量,应使根系集中分布区内经灌水后达到田间最大持水量的60%~80%。可用手测法和目测法测定,也就是灌水后取根系分布层土壤用手握紧,指缝处有水挤出,但又不致有滴落的水珠,土团抛地即散,此种持水状态即为适宜。

三、不同季节的水分管理要点

(一)春季

春季气温回升,山楂树开始萌芽、抽梢和开花。北方地区春季多风且降水较少,常出现干旱情况。此时应根据土壤墒情及时浇水,一般在萌芽前浇一次透水,称为萌芽水,可促进树体萌芽整齐,新梢生长健壮。但浇水不宜过多,避免地温回升过慢,影响根系生长。在有灌溉条件的果园,可采用滴灌或小水漫灌的方式,保证水分均匀渗透到根系分布层。南方春季雨水较多,要注意及时排水防涝,避免果园积水导致根系缺氧腐烂,影响山楂树的正常生长发育。

(二)夏季

夏季气温高,蒸发量大,同时也是山楂果实膨大期和新梢生长旺盛期,需水量大。此时若遇干旱,应及时灌溉,补充水分,可每隔7~10d浇一次水,保持土壤湿润。但在暴雨季节,要特别关注排水情况,及时清理果园沟渠,排除积水,防止因积水造成的根部病害和树体倒伏。夏季可利用果园生草或覆盖秸秆等措施,减少土壤水分蒸发,调节果园小气候,降低地温,有利于山楂树根系生长和吸收水分、养分。

(三)秋季

秋季山楂果实逐渐成熟,生长速度减缓,对水分需求减少。但在采果后,结合秋施基肥进行一次灌水,有助于肥料的溶解和根系吸收,促进树体恢复和养分积累,增强树体抗寒能力,此次灌水称为采后水。秋季雨水较多的地区，同样要做好排水防涝工作，避免土壤湿度过大，影响根系呼吸和养分吸收，导致树势衰弱。

（四）冬季

冬季山楂树进入休眠期，生命活动减弱，对水分需求极少。一般情况下，冬季不需要额外浇水。但在干旱寒冷地区，如果土壤墒情特别差，可在土壤封冻前浇一次封冻水，此次浇水可使土壤冻结，保持土壤水分，防止根系受冻，同时为第二年春季萌芽提供一定的水分储备。

四、灌水方法

（一）漫灌

漫灌作为传统的灌溉方式，将水引入果园，使水在地面上自然流淌，逐渐渗透到土壤中。这种灌溉方式操作简单，不需要复杂的设备，一般适用于地势平坦、水源充足且土壤渗透性较好的果园。缺点是水资源浪费较为严重，容易造成土壤板结，破坏土壤结构，并且在地势不平坦的果园，灌溉不均匀，高处易浇不到水，低处易积水。同时，漫灌后要及时进行中耕松土，以疏松土壤，减少板结。

（二）沟灌

沟灌是在山楂树行间或株间开沟，将水引入沟内，通过沟壁和沟底的渗透作用使水进入土壤。这种灌溉方式能较好地控制灌水量，减少水分蒸发和地表径流，比漫灌节约用水，灌溉效果也相对较好，能够使水分较为均匀地分布在根系周围，不会破坏土壤结构。开沟的深度和宽度应根据山楂树的树龄与根系分布情况确定，一般沟深20~30cm、宽30~40cm。然而，开沟需要一定的人力和物力，且在土壤黏性较大的果园，沟内容易积水，可能会损伤部分根系。

（三）滴灌

滴灌是一种先进的节水灌溉技术，它通过滴头将水缓慢而均匀地滴入山楂树根系附近的土壤中。滴灌具有节约用水、灌溉均匀、不破坏土壤结构、减少病虫害发生等诸多优点；滴灌可使水分直接作用于根系吸收区域，减少地表蒸发和杂草生长，同时避免了土壤板结，保持土壤良好的通气性和结构；此外，滴灌系统可与施肥装置结合，实现水肥一体化，提高肥料利用率。

在安装滴灌系统时，要根据山楂园的地形、树龄和种植密度合理设计管道布局和滴头间距。一般滴头间距为30~50cm，滴灌流量为2~4L/h。滴灌可根据山楂树的需水情况自动控制灌溉时间和水量，实现精准灌溉。滴灌系统的初期投资较大，对水质要求较高，需要有过滤设备防止滴头堵塞，且设备维护相对复杂，需要一定的技术维护。

（四）喷灌

喷灌是利用喷头将水喷射到空中，形成细小的水滴，均匀地洒落在果园地面和树冠上。喷灌能够均匀灌溉大面积果园，具有节约用水、灌溉效率高、节省人力的特点；还能增加空气湿度，调节果园小气候，降低气温，在高温干旱季节对山楂生长有一定益处。滴灌和喷灌技术现已被越来越多的生产者采用，是果园灌溉的发展趋势。

喷灌系统分为固定式、半固定式和移动式3种。固定式喷灌系统设备固定，操作方便，但投资较大；半固定式喷灌系统喷头可移动，管道部分固定，灵活性较好；移动式喷灌系统设备可全部移动，适用于面积较小的果园。在选择喷灌系统时，要根据山楂园的实际情况综合考虑。喷灌时要注意调整喷头的角度和高度，确保灌溉均匀，避免出现漏喷或重喷现象。

五、果园排水

（一）明沟排水

明沟排水是在山楂园地面上开挖排水沟，将雨水或多余的灌溉水排除果园。排水沟应根据果园的地形和积水情况合理布局，一般分为干沟、支沟和毛沟。干沟应深而宽，用于排除大量积水，其深度一般为1.0~1.5m，宽度为1~2m；支沟深度为0.5~1.0m，宽度为0.5~1.0m，用于汇集毛沟的水并排入干沟；毛沟深度为0.3~0.5m，宽度为0.3~0.5m，分布在山楂树行间或株间，直接收集果园内的雨水。明沟排水系统建设成本较低，排水效果明显，但占地面积较大，且容易滋生杂草和传播病虫害。在日常管理中，要定期清理排水沟，保持排水畅通。

（二）暗管排水

暗管排水是在山楂园地下埋设排水管道，将土壤中的多余水分排除。暗管排水系统一般由排水管、检查井和排水出口组成。排水管可采用塑料排水管或混凝土管，管径根据排水量确定，一般为10~20cm。检查井用于检查和清理管道，间隔一定距离设置一个。暗管排水不占地面空间，不影响果园耕作和管理，排水效果稳定，但建设成本较高，施工难度较大。在安装暗管排水系统时，要注意管道的坡度和连接处的密封性，确保排水顺畅。

（三）台田排水

台田排水适用于地势较低、地下水位较高的山楂园。其做法是将果园地面抬高，修成台田状，台田之间开挖排水沟。修筑台田时，先将表层土壤挖出，垫高田面，然后在田块四周挖排水沟，使田面与排水沟形成一定落差，便于排水。台田的高度和宽度应根据果园的实际情况确定，一般台田高度为0.5~1m，宽度为3~5m。台田上种植山楂树，排水沟用于排除积水。台田排水能够降低地下水位，改善果园的土壤通气性和排水条件，提高山楂树的生长环境，但修筑台田需要耗费大量的人力和物力。

在雨季来临前对果园的排水沟渠进行全面清理，清除沟渠内的杂草、淤泥和杂物，确保沟渠畅通无阻。雨后要及时检查沟渠排水情况，如有堵塞，应立即疏通，保证雨水能够快速排除果园。同时，要注意观察果园内是否有局部积水区域，如有，应及时采取措施，如挖临时排水沟或用水泵抽水等，排除积水，避免果树长时间浸泡在水中。

第七章　山楂花果管理技术

适宜的坐果数量是山楂获得丰产稳产的首要条件。山楂的自然落花落果严重，坐果率较低。据调查，自然坐果率仅有10%~20%。山楂落花落果一般有2次高峰，分别为花后1~2周落果和采前落果。坐果率的高低与树体长势、花期授粉情况以及环境条件有密切的关系。不同的果园、不同的年份，引起落花落果的原因不同，必须具体分析，针对主要问题采取相应的措施。

第一节　落花落果的原因

一、营养不良

一是土壤缺肥。由于施肥量不足或偏施某些肥料，缺乏微量元素肥料导致土壤营养失调或脱肥，造成落花落果。二是病虫害发生严重。病虫害直接消耗了树体大量养分，从而导致花果养分不足，造成较多的落花落果。三是疏花疏果差。不疏或疏少部分花果，这样过多的花果耗养分多，当树体内的营养满足不了花果生长发育需要时花果便自然脱落。四是夏梢控制不力。夏季气温高，肥效快，易抽发夏梢。成龄山楂树在开花结果期既要长花果，又要长夏梢，营养生长和生殖生长同时进行，两者之间矛盾突出。此时若控制不力，夏梢过多抽发消耗大量养分，就会造成落花落果。

二、环境条件不适宜

一是土壤缺水。由于春旱、夏旱的发生，土壤水分减少，当开花结果进入需水临界期时，如土壤缺水必然导致严重落花落果。二是花期雨水偏多。

若在山楂开花期遇上较长时间的持续阴雨天气，则对授粉极为不利，花粉质量差，会使较多的花朵提前脱落。此外，雨水过多还会造成土壤过湿，影响根系对土壤养分的吸收，加重落花的发生。三是温度过高或过低。不正常的温度容易造成花果脱落。例如早春低温和初夏高温也会造成大量落花落果，因为低温会影响开花和授粉；高温呼吸消耗大，也会妨碍开花和授粉受精。四是光照不足。光照不足影响物质合成与运输，因此阴雨天多或株行间遮阴度高，都容易引起落花落果。

三、管理不当

施肥、浇水等管理不当也会导致落花落果。如果花期气温过高时喷药或叶面追肥，均易造成药害和肥害，使花朵脱水脱落；花期喷农药或肥料的浓度过大也易造成落花。

第二节　保花保果的措施

一、加强整形修剪

一是花前复剪。开花前保持适当的叶芽和花芽比例，一般为1∶3，可以提高坐果率。二是环割。对成龄树的直立旺枝，在5月下旬到6月上旬进行环割，可以提高坐果率。

二、加强肥水管理

加强果园土肥水管理及病虫害防治，合理整形修剪，保证树体正常生长发育，才能使树体有足够的贮藏营养，使花器发育正常，这是提高坐果率的根本途径。土层厚度不足60cm的应通过深翻或客土加以改良。施肥除应施足基肥外，还应在花前、花后、果实迅速膨大期和花芽分化期各追肥1次。在发芽前落花后、新梢旺长期、果实着色期、采果后、封冻前，根据当时的降雨情况，各浇水1次。萌芽前及时灌水，并追施速效氮肥，补充前期对氮素的消耗。花前、花期各喷布1次0.3%的尿素，可以提高树体的光合效能，增加养分供应，可提高坐果率。

三、合理使用植物激素

（一）赤霉素

花期喷施赤霉素可以提高坐果率，增大果个，提高产量。据调查，山楂花期喷40～50mg/L赤霉素溶液，坐果率可提高30%～50%。使用赤霉素时应注意其浓度不能过高，否则会抑制花芽分化，而且会明显影响果实的耐贮性。使用赤霉素只能在有充分营养的条件下才能发挥作用，要配合肥水管理、修剪和防治病虫害等综合增强树势的措施，才能达到预期的目的。

（二）矮壮素

对于初结果树，于7月土壤株施225mg矮壮素（按有效成分计算，沙壤土）。施用时将药粉与少量细土混匀，在树盘（1m^2）内侧四周挖浅沟，均匀施入，然后灌小水，施药后能显著抑制2～4年树体的营养生长，增加中短枝比例，促进花芽分化，增加结果母枝和结果枝数量，提高产量。

（三）乙烯利

对尚未结果的山楂幼旺树，在新梢旺长期（5月上中旬）树上喷洒40%乙烯利500倍液可明显地抑制新梢旺长，提高第二年侧芽萌发率和成花率，增加枝量，并有紧缩树冠、矮化树体的效果。注意由于乙烯利兼有疏花作用，已进入正常生长结果的山楂树不宜施用。

（四）其他激素

在山楂盛花期喷布桉树提取物（EF）植物生长调节剂100～150mg/kg溶液，能显著增强山楂叶片的光合效能，使山楂坐果率和单株产量明显提高，且成本比赤霉素低，果实日灼病发生亦轻（先用少量90℃热水溶解含13.22%灰褐色粉末的EF，再兑水配制成所需浓度）。

四、喷施矿质元素

花期喷施硼肥有促进花粉形成、发芽和花粉管伸长、缩短受精过程、提高坐果率的作用。对粉口、豫北红两个品种在盛花期喷0.2%硼砂溶液，发现坐果率比对照提高了2.8倍。硼肥也可与尿素混喷，花前、花期喷0.1%硫酸锌溶液（最好与0.1%硼酸混喷），也可显著提高坐果率。盛花期喷0.2%~0.3%磷酸二氢钾溶液也能显著提高坐果率。

五、疏花疏果

在花量过大、坐果过多时要疏花疏果，其作用在于节约养分、减少无效花，这样既克服了大小年结果，也提高了坐果率。常说的"满树花、半树果；半树花，满树果"就是这个道理。具体措施如下。

（一）疏花

各级骨干枝的延长枝是结果母枝时要中、短截或重、短截，剪掉花芽，促发营养枝，以利扩冠；对结果枝组要适当疏枝或回缩，除掉一些花芽；适量疏花，对花量较大的植株进行疏花。疏花一般为花序出现，即开花前进行。在疏花时应掌握疏后留前、疏弱留强、疏内留外的原则，即疏除花枝后面的弱小的内膛花序，疏花时一定要保护好叶片。

（二）疏果

疏果在幼果期进行，疏掉小果、畸形果和病虫果，但当第一次生理落果后（6月），若仍有果实过量现象，可将坐果率高的花序中的果实疏去一部分，一般长果枝、壮果枝的花序保留10~12个果实，弱果枝、短果枝则保留6个以下果实。

六、果实套袋

果实套袋是提高果实品质的主要技术措施之一，在苹果等果树栽培中应用得较多，在山楂生产中有少量研究性应用。套袋可减轻果实受病虫害为害及不良环境条件的影响，提高坐果率。套袋山楂无农药残留，果点小，无果锈，果面光洁，颜色鲜艳，果个均匀，商品果率达到97%。套袋时间是在6月上旬果实生理落果后，于9月中下旬除袋。果树行间铺设乳白色、银白色反光膜，促进果实全面着色。

七、合理配置授粉树

山楂具有异花、自交和单性结实能力。自花结实率一般都很低，仅有5%～15%。自然异花授粉的花朵坐果率可达到30%～45%，最高达60%～70%。山楂的异花授粉对授粉品种有选择性，对不合适的授粉品种常有不亲和现象，因此要配置适宜的授粉品种。建园时，授粉品种与主栽品种比例一般为1:（4～5）。而成龄果园授粉树数量不足时，可以采用高接换头的方法改换授粉品种。花期采用人工授粉、果园放蜂等措施，均可显著提高坐果率。一般每公顷养蜂3群可使山楂产量增加10%以上。

八、病虫害防治

及时防治山楂红蜘蛛、山楂梨小吉丁虫及白粉病、锈病等。对于栽后5年仍不开花结果的山楂嫁接苗，应考虑剪去枝条重新接上从结果母树取下的老熟枝条。

第八章　山楂整形修剪技术

第一节　山楂生长结果习性

一、山楂枝、芽特性

（一）芽

山楂的芽主要分为叶芽和花芽。

1. 叶芽

叶芽内有枝叶原始体的雏梢，没有花芽原始体，外面有鳞片包被，芽较小，着生在营养枝的顶端及叶腋间或结果母枝的下部，萌发后抽生营养枝，有的形成第二年的结果母枝。由于气候及营养条件的差异，在不同时期形成的芽质量也不同（芽的异质性）。在1个枝条上，顶芽或最顶端的侧芽发出的枝最强。山楂的侧芽为复芽，每个叶腋生有1个主芽和2个副芽。由于营养状况不同，有时2个副芽都明显，有时1个副芽明显，有时2个副芽都不明显。在树体正常生长过程中，副芽都处于休眠状态，成为潜伏芽。

2. 花芽

山楂的花芽为混合芽，芽内雏梢的顶端着生花原基。花芽肥大而饱满，先端较圆。春季混合芽萌发后，迅速抽生出结果新梢，顶端着生花序。山楂为伞房花序，整个花序有1~49朵小花，以15~30朵居多。每朵花的萼筒基部皆着生2片苞片，花梗基部有1片苞片，分轴上有1~4片苞片。花序中分轴的着生形式有2种：花枝最顶部的2片叶若为互生，则下面的叶腋间着生1个副花序，其他各分轴合成1个主花序；若花枝最顶部的2片叶为对生，则无副花序或副花序和主花序合一。

（二）枝条

山楂枝条可分为营养枝、结果新梢和结果母枝（或结果枝）。

1. 营养枝

山楂的营养枝在一般情况下没有分生二次枝的习性，进入结果年龄的树上发育健壮、充实的营养枝顶芽和其下数个腋芽，当年能够形成混合芽，第二年抽生花枝结果。每个母枝可抽生花枝或营养枝3～5个，最多可达8～12个。

2. 结果新梢

凡是当年抽枝开花结果的新梢为结果新梢。结果新梢一般长6～14cm，个别达20cm，同大多数一次生长的营养枝一样，具7～13片叶。

3. 结果母枝

着生混合芽的枝或着生结果新梢的二年生枝统称为结果母枝（或结果枝）。在一般管理条件下，盛果期大树的结果枝粗0.4cm左右，超过0.5cm是树势健壮的标志。低于0.3cm的纤弱枝常呈单轴延伸，当年不能形成花芽，即使成花抽枝，其结果能力也不好，表现为花质差，花序上的花朵数量少，落花落果严重，甚至只开花不结果。结果母枝除分为长、中、短3类以外，依山楂的自身特点，结果母枝还可分为具有顶芽的结果母枝和不具有顶芽的结果母枝两大类。

二、山楂的结果习性

山楂一般定植后2～3年开始结果，管理好的密植园4～5年即可丰产，6～7年进入盛果期，经济栽培寿命可达50～100年。单株产量以树大小而异，一般株产30～50kg，甚至产达500kg以上。

山楂进入结果期后，凡发育适度、生长充实的发育枝，都能形成结果母枝，健壮的结果枝多能连续结果。结果枝结果后，其下1～2侧芽当年即可形成混合芽，一般可连续2年以上，并形成杈状分枝，易使冠内郁闭，应适当更新复壮。一般在山楂树上长为7cm左右的结果母枝占多数，通常一个结果母枝着生1～2个结果枝，个别生长健壮的结果母枝也可着生4～5个结果枝。结果大树多年生大枝常因先端枝叶繁茂、果实多而重，造成前部枝头下垂，后部弓背冒条。以此种方式发生的新枝生长强壮，以后发展为新的枝头可使树势重新得以恢复。大型枝干上的潜伏芽多，寿命长，容易萌发成枝，利于老树的更新复壮。

第二节　主要树形及整形修剪技术

一、主要树形

（一）主干疏层形

干高一般为50~70cm。有中心领导干。全树有主枝5~6个，分2~3层。第一层3个主枝邻接或邻近，相距20~40cm，并在1~2年内选定。主枝基角为60°~70°。第二层2个主枝，插第一层主枝的空当。第三层1个主枝。第一层主枝（第三主枝）距第二层主枝（第四主枝）的层间距为120~150cm，第二层距第三层60~70cm。基部3主枝各配备侧枝2~3个，第一侧枝距主枝基部60~70cm，第二侧枝距第一侧枝50cm，并着生在第一侧枝对面，上层主枝可配备1个侧枝或不配备侧枝。树高控制在3.0~3.5m，冠径控制在3.5m。栽植当年定干，定干高度70~80cm，第一次冬剪时选生长旺盛的剪口枝作为中央领导干，剪口下要有5~8个饱满芽。以下3~4个交错着生的侧生分枝作为第一层主枝，将主枝角度开张至50°~60°，层内距20~30cm，主枝和中心领导干轻度短截，剪去枝长的1/4~1/3。第三年中心领导干延长枝继续短剪，并选留二三层主枝适度短截。整形过程可在4~5年内完成。各层主枝要在适宜的部位选留侧枝，第一层侧枝距离中心领导干50~60cm，第二层侧枝距离第一层侧枝30~40cm，注意交错排列，适当分布空间。

（二）开心形

树高3m左右，冠径3.5m左右，干高40~50cm。树干以上分成3~4个势力均衡、与主干延伸线呈30°斜伸的中干。3主枝的基角为30°~35°，每个主枝上，从基部起培养背后或背斜侧枝1个，作为第一层侧枝，每个主枝上有侧枝6~7个，成层排列，共4~5层，侧枝上着生结果枝组，以中、小枝组为主。该树形骨架牢固，通风透光，适用于生长旺盛直立的品种，但幼树整形期间修剪较重，结果较晚。定植后定干为50cm左右。第一次冬剪时选择3~4个角度、方向均比较适宜的枝条，剪留50~60cm，培养成为3~4条主枝。第二年冬剪时，每条主枝上选留一个侧枝，留50~60cm短截，以后照此培养第二层、第三层侧枝。主枝上培养外侧侧枝。整个整形过程要注意保持主枝势力均衡。其余枝条一般缓放不动，充分利用夏季修剪促进成花坐果。

（三）纺锤形

树高3m左右，干高60cm，有中心领导干，冠径2.0~2.5m。中心领导干上呈螺旋状直接着生结果枝组（亦即主枝）8~10个。主枝角度70°~80°，枝轴粗度不超过中干的1/2。主枝上不留侧枝，直接着生结果枝组。其特点是只有一级骨干枝，树冠紧凑，通风透光好，成形快，结构简单，修剪量轻，生长点多，丰产早，结果质量好。此树形适合中高密度山楂园。定干高度80cm左右，第一年不抹芽，采用刻芽方式促发侧枝，在树干40cm以上，选择角度方位适宜的枝作为主枝，枝条长度80~100cm时进行拿枝开角，枝角基角为70°~80°，冬剪时对所有枝进行缓放。第二年对拉平的主枝背上萌生的直立枝，离树干20cm以内的全部除去，20cm以外的每间隔25~30cm扭梢1个，其余除去。中干发出的枝条，长度80cm左右可在秋季继续拿枝开角，过密的疏除，缺枝的部位进行刻芽，促生分枝。第三年控制修剪，以缩剪和疏剪为主，除中心干延长枝过弱不剪，一般缩剪至弱枝处，将其上竞争枝压平或疏除。弱主枝缓放，对向行间伸展太远的下部主枝从弱枝处回缩，疏除或拉平直立枝，疏除下垂枝。第四年或第五年中心领导干在弱枝处落头，以后中心领导干每年在弱处修剪保持树体高度稳定。修剪上应根据树的生长结果状况而定，幼旺树宜轻剪，随树龄的增长，树势渐缓，修剪应适度加重，以便恢复树势，保持丰产、稳产、优质树体结构。注意，此树形要保持中心领导干的直立和强壮，与该中心竞争的枝要及时疏除，一般经过5年树形基本形成。

（四）延迟开心形

由变则主干形进一步下落中心领导干减少主枝数量而来。所以，中心领导干更加缩短，一般为1.2m左右。主枝数3~4个，间距40~50cm，等距螺旋式分布在中心领导干上。上下主枝不能重叠，每年只能选留1个。侧枝培养同变则主干形。树高3.5m左右，冠径约5m，6~7年成形。特点是树形自然，容易培养；树冠光照好，利于提高结果区的体积和果实品质，而且树冠管理比较方便。但由于主枝数量较少，中前期产量不易提高。此形主要适用于光照条件差和容易发生风害的地区。

（五）自然圆头形

又叫自然半圆形。多用于山区管理粗放的干果类果树的改造树形，平地丰产水果园很少采用。整形的方法是，幼苗在一定的高度剪截后，任其自然发展。每年只是疏去过多的枝条，合理安排不重叠也不并生的主枝、侧枝和结果枝组，其余插空生长的枝条尽量拉平使其成花结果。经过7~8年的培养，留用6~7个主枝，自然形成圆头形。冠高和冠径根据具体情况而定。此形修剪量轻，树冠整形技术简单，骨干枝培养较灵活，成形快，结果早。但往往中后期下部、内部通风透光不良，影响立体结果和果实品质，此时需要疏除和回缩那些密挤衰弱、交叉紊乱、挡风遮光的各种骨干枝及结果枝组。

二、主要修剪方法

（一）短截

又称短剪，是指将一年生枝剪掉一部分，从而缩短其总长度的剪法。其作用主要是刺激下位侧芽萌发，促进分生新枝，并增加枝轴粗度和改变枝条延伸方向。多用于骨干枝和大、中型结果枝组的培养。幼树在一年中连续多次短截，可削弱根系和枝梢的生长，使树体矮化。大老结果树多用短剪，可更新复壮正在衰弱的枝组，强化树势，从而增强结果能力，提高果品质量，延长树体寿命。

1. 技术要求

短截的技术要求包括剪口芽的选留和剪口的剪法。在操作时只有在这两个方面尽量地达到正确合理，才能使发枝方向与类型符合修剪者的意图，使剪截伤口尽快愈合，从而获得最理想的剪截修剪效果。

剪口芽是指枝条短截后离剪口位置最近的芽子。选留剪口芽时首先应考虑芽尖方向，以此决定以后枝头发展趋向。一般来说，剪口芽的方向应主要考虑枝条原来姿势和将来要做调整的姿势。若枝条原来的姿势过于直立，为了防止形成树上长树和冠内光照不足，就应选留外芽作其剪口芽，以使新发出的枝头趋向开张。若原枝的姿势过于开张，甚至枝头有下垂衰弱的趋势，则剪口芽就应选留健壮的上芽，以使新发出的枝头趋向直立，恢复其生长势。若两个枝条相对生长而发生碰头交叉时，枝头剪截可分别用左、右侧芽当头，使新发出的枝头分别向两侧斜向发展，以避免二者碰头交叉而发生互相争夺空间和挡风遮光。

剪口的剪法与其伤口愈合的速度及效果关系十分密切。正确的剪法应是，在芽的对侧稍作下斜面剪截，芽的同侧高，对侧低，斜面的上端高处与芽尖相齐，下端低处与芽基相平。这样剪截的伤口面较小，容易愈合，且愈合后的伤疤与剪口芽发出的枝梢也比较平滑，剪口芽发枝后生长也较好。

2. 技术方法

短截的技术方法主要是根据枝条被短截的轻重来进行分类。冬剪包括轻截、中截、重截、超重截、戴帽截等。夏剪包括剪梢和摘心。

（1）轻截。也称轻剪，是指在枝条顶部只剪去一小段的剪截方法，因而又称轻过头。如果只剪掉顶芽称作去顶或打头。如果只剪去顶芽的一部分称为破顶或破芽，通常剪掉芽的1/3~1/2为宜。轻截的部位由于多是芽体较小的半饱满芽，所以形成的新枝多为中短枝，利于缓和长势成花结果。此法多用于萌芽率高的品种，萌芽率低的品种应用后易发生下部无枝的"光腿"现象。轻截是幼旺树上培养分枝型结果枝组的主要用法之一。

（2）中截。也称中剪，是指在枝条中部饱满芽处的短截。枝条中截后容易萌发中长枝，利于枝条生长和树冠扩大。所以中截可提高枝条萌发新梢的成枝力，并使其母枝很快加粗。中截的方法通常用于骨干枝延长头的培养和衰弱结果枝组的更新。

（3）重截。也称重剪，是指在枝条中下部约1/4处的剪截。虽然此剪法对枝条刺激较大，但由于此部位的芽多是芽体较小的半饱满芽，剪截后仍以发中、短枝为主，上部可发少数长枝。所以，重截是幼树上培养紧凑型结果枝组的重要手法，一般多用于萌芽率比较低的品种。在老树上，为了合理地控制树体开花结果和促进树体发枝长叶，萌芽率高的品种也可应用。

单从轻截和重截这两种技术方法相比，虽然二者剪截部位的芽都是半饱满芽，但由于对修剪枝条的轻重刺激程度的不同，其在发枝量与成枝力两个方面的修剪反应显然有异。一般来说，轻截可以通过减弱新生单梢的成枝力而减少其单枝生长量，但可通过增多母体枝条的发枝量而增加新生枝梢的总枝生长量；相反，重截可以通过减少母体枝条的发枝量而减小其新生枝梢的总枝生长量，但可通过增强新生单梢的成枝力而增加其单枝生长量。

（4）超重截。也称超重剪和台剪，是指在枝条基部瘪芽处留很少一部分短橛的剪截方法。这种剪法在树体萌芽后一般成枝力弱，只发2~3个中短枝，利于削弱枝势、降低枝位，培养更紧凑的中小型结果枝组，常用于诱发预备枝和改造强旺枝。对有些发枝力强的品种，有时进行超重截时也可能发出旺枝形成跑条。这种情况需在第二年修剪时进行"挖心"处理，去直留斜，去强留弱。

（5）戴帽截。也称戴帽修剪，是指在单枝条的年界轮痕或春、秋梢交界轮痕处盲芽附近的剪截技术。戴帽截是一种抑前促后造生中短枝的剪法，多用于小型结果枝组的培养。根据枝条生长势强弱在其轮痕以上剪留的长度，戴帽截又可分为"戴死帽""戴活帽""戴低帽""戴高帽""戴歪帽"5种。"戴死帽"是指在枝条中部轮痕正中部位进行剪截的方法，多用于中庸偏弱的单枝条。其修剪反应的特点是，新发枝容易集中在"帽子"附近。"戴活帽"是指在轮痕以上保留几个瘪芽进行剪截的方法，多用于长势较强的单条枝，特点是可增加下部萌发中短枝，减少冒长枝。"戴低帽"是指在轮痕以上少留瘪芽的活帽剪法。"戴高帽"是指在轮痕以上多留瘪芽的活帽剪法。"戴帽"越高越利于缓和枝势增发中短枝，越适合于强旺单条枝。"戴歪帽"是指疏去中心枝后在侧生甩辫枝的基部进行超重剪的方法。

（6）剪梢和摘心。在生长期夏、秋季对带叶新梢的短截一般称为剪梢。对新梢剪截如果十分轻微，只是用手摘掉其新梢顶端幼嫩的生长点部分，在修剪上称为摘心。剪梢和摘心可通过改变新梢内生长素和营养物质的分配运输方向，削弱顶端优势，控制新旺长，增加枝的粗度，提高枝梢的发育质量，并可能促使当年新侧芽萌发形成副结果枝组。

（二）回缩

回缩又称缩剪，是指对两年以上多年生枝往回短缩的一种剪法。小枝用剪刀，大枝用锯子。回缩修剪由于大大缩短了地上部枝梢与地下部根系在养分、水分交换上的距离，减少了消耗器官的数量，能够促进下部和后部所留枝条的生长和潜伏芽萌发形成新枝。所以，缩剪多用于长期甩放不剪造成结果后下垂衰弱的枝干和枝组的更新复壮，但有时也用于直立旺长大枝难以开角只能以背下枝换头控制。枝条回缩后的反应是起促进还是抑制作用，则与回缩部位的高低、新留枝头的生长方向和伤口的大小及保护等情况直接相关。一般回缩部位比原枝头要高，新留枝头生长方向比较直立，伤口小且保护得好，则为促进作用。反之，则为抑制作用。因此，衰弱枝在更新回缩时，新代换的枝头应选留生长方向斜上的强枝。直旺枝在改造回缩时，新代换枝头应选留生长方向比较平斜的弱枝。

大枝回缩修剪的方法在不规则大枝和异常树改造中经常使用。为了取得良好效果，必须注意3个问题，一是保护好伤口，防止水分蒸发和病虫侵入，并及时除去伤口附近的多余萌芽；二是操作不宜过急，对需要回缩的大枝应分段分次地逐步进行；三是事先做好有关准备和配合工作，比如提前1~2年，在回缩枝下部的"光腿"处割伤造枝，在计划回缩剪截的部位培养好预备当头枝，或用"环缢"的方法事先控制上部枝条增粗，以使形成"蜂腰"，在将来回缩操作时更加便利。另外，还要注意结合夏剪，把新发出的枝条按要求进行控制处理和改造培养。

（三）疏除

疏除也称疏删和疏间，是指把某些多余无用和有害多弊的器官从基部彻底去除的修剪方法，其作用可减少枝、叶、花、果的数量，节省养分，改善光照，并利用造伤效应抑前促后，调节枝势。所以，多用于超负荷、超密挤、缺乏营养与光照的树冠改造和感染病虫及失水干枯的枝条修剪。根据所要去除的对象，疏除可分为疏枝、疏芽、除萌、疏花、疏果、疏梢和疏叶等方法。

1. 疏枝

疏枝是指在修剪作业时将一年生以上的枝条从其基部彻底去掉的技术措

施。小枝用剪刀，大枝用锯子。操作时，要求从基部去除干净，不留残，所留伤口越小越好，而且不歪不斜，平整光滑，以利快速愈合。大枝的锯除一定要小心，谨防劈裂。不太粗的大枝可用"一步法"锯除，即用一手从下面托住大枝从基部由上向下一次锯掉，或者先在基部由下向上拉一浅锯，深达枝粗的1/3左右，然后再用一手托住由上向下彻底锯掉。较粗的大枝用二步法锯除比较保险，以防劈裂造成损失。即先在稍上方锯除暂留一残桩，然后再从基部彻底锯除残桩。

大枝锯除后，应特别注意伤口的整修和保护，以防病虫由此侵入和失水过多影响上部枝条的生长。同时在生长期及时除去伤口附近所产生的萌蘖，以减少养分的无效消耗。

2. 疏芽

疏芽是指在休眠期将多余无用的芽去掉的技术措施。除芽的方式有3种，一是将某些芽位的芽全部除去，以避免从此位置萌发无用的枝条；二是对有复芽特性的果树，为了控制枝条的生长势除去主芽而留副芽，使其所发新枝梢的生长势不致过旺，以利与其他同类级次的枝条生长相平衡，或者顺利地向结果枝转变；三是为了合理地控制树体的负载量，冬剪时疏去一部分过多的花芽，以减少无效消耗，在营养上充分保证生长期枝叶生长和果实发育的质量，从而为树体生长发育和高产稳产打好基础。疏剪花芽的方式有剪除和破除2种。剪除是将结果枝上的花芽整体剪掉，破除只是将花芽顶部的1/3剪掉而保留其中下部的芽体。一般破芽疏花后所发出的当年新梢多数仍能形成花芽，在下一年连续结果，这在修剪上叫以花换花。有"大小年"结果习性的果树，常需在大年时期破除一部分花芽，利用"以花换花"的技术手法来尽量争取下一年小年时期的产量。疏芽时间在寒冷多风地区不宜过早，为安全越冬最好在冻芽期过后的早春萌芽前再做定量疏芽。

3. 除萌

除萌又称抹芽，是指于春、夏生长季在不需要枝条的部位，及时用手抹掉刚刚萌出嫩蘖幼梢的技术措施。除萌可减少树体养分的浪费，利用节约养分再分配的增效原理，提高其他所保留枝条的发育质量，同时防止出现不规则枝条。除萌的对象主要是幼树主干的中下部、高接换种树接穗的附近、老树回缩更新伤口的周围、复芽树种的枝节和砧木枝段等不需要枝条的部位所萌出的各种多害少利的无用萌蘖。除萌措施不仅可以节省养分，而且还可以避免其无用枝形成后再剪除的伤口，从而防止病虫害侵染和树势衰弱。除萌措施对节省树体养分的效果，在时间上越早越好。至于衰老病残树其枝干下部的优质萌蘖，可酌情适当保留和培养，以作为树体更新换枝的后备基础。

4. 疏花、疏果

疏花、疏果是指在生长期根据树体的负载能力，对过多的花、果在早期进行疏除的修剪措施。疏花、疏果分别在开花期和幼果期进行，时间上越早越好。疏除越早，节省养分越多，越有利于所留花、果和枝梢的优质发育。疏花、疏果的原则要求是"以树定产，按势留果"。

5. 疏梢、疏叶

疏梢、疏叶是指在生长期根据树冠通风透光的需要，对某些生长过密的枝梢和叶片做适当疏除的修剪措施。疏梢的技术措施多在生长前期的夏剪中进行，主要是去除那些过分密挤、位置不当而影响树体通风透光的枝梢。疏叶多在生长后期进行，主要是疏除树冠外围新梢下部的衰老叶和结果枝上的贴果叶，目的是增加光照向树冠内部的透入量，改善其内膛叶片同化功能和果实着色程度，促进营养物质积累，提高树体器官的发育质量与越冬能力。摘叶措施同时具有保水作用，夏、秋芽接时所用的接穗从母树上采下后必须立刻全部剪掉叶片，才能保持其活力，否则接穗就会很快因其叶片蒸腾失水而引起干缩。有些缺水的果园在旱季就有摘叶保水的习惯。摘叶还有促进枝梢成熟的作用，在晚秋对幼旺树迟迟不能停止生长的新梢摘除其顶部的嫩叶，有利于促进其停止生长，进入休眠。另外，有些病虫没能得到很好防治的果园，剪除潜藏病虫的枝梢和叶片也是一种与修剪手段相结合的人工防治措施。

（四）缓放

缓放也称甩放和长放，是指把着生姿势和生长势符合要求的枝条原样放着不剪而暂时任其自然发展的方法。枝条缓放由于留芽多营养分散，有利于形成中短枝，缓和长势，成花结果。缓放也有利于枝条的营养积累，使弱枝转强，细枝增粗。所以，缓放主要适用于年龄不大和生长势比较缓和的斜生枝、水平枝和下垂枝。对生长强旺的直立枝、徒长枝和竞争枝等乱生枝不能缓放，因为这类枝条缓放后越长越旺，越长越粗，容易失控形成树上长树，不仅不能成花结果，反而还会扰乱树形。另外，缓放只是一种暂时性的过渡措施，不可当作"永放"而将一个枝条连续多年地长时期放任不管，否则容易形成又长又弱的交叉枝，影响树冠光照，造成结果外移。所以，缓放应与回缩相结合，当缓放的枝条成花结果以后，应逐步地进行回缩更新，把放出来暂时在树冠外围枝头上结果的部位收回到树冠内膛，尽量使其在枝条的中下部结果。做到既能"放"得出去，又能"收"得回来。把"放"作为早成花、早结果的手段，把"收"作为多结果、结好果的保证。因此，缓放枝条是有条件和时间的，绝不可当作是无条件的"乱放"和无时间的"永放"。

（五）弯曲

弯曲是指把生长方向与势力不合要求的临时性枝梢通过盘圈、弯别、支拉、坠压等手法，进行大幅度地改变其生长角度与方向的修剪措施。弯曲的对象应是生长直立而难以成花结果的临时性长枝，而永久性的骨干枝不宜采取弯曲措施。弯枝技术的总要求和总趋向应是水平或者下垂，而不能立圈。弯枝一般不伤枝，但对一些粗硬而难弯的枝条也可先行拧伤，然后再弯曲。弯曲的目的和作用主要是改变枝条的生长方向与顶端优势，促进其下部拉枝萌发中短枝，以缓和长势促花结果，并改善树冠的通风透光条件。弯曲的效果以从基部弯曲较好，在枝条中上部弯曲后容易引起下部冒条，反而影响成花结果。

（六）伤枝

伤枝又称造伤，是指有意识、有目的地对枝干或枝条造成一定的伤害，通过破坏一定的输导组织达到调节枝势和促进成花结果的修剪措施。也就是说，伤枝具有抑前促后的作用，即可明显削弱其伤口上部枝条的生长势力，促进其营养积累与成花结果；同时可刺激其伤口以下"光腿"部位的潜伏芽萌发，形成弥补空位的结果枝组。伤枝的时期以冻害期过后到秋梢开始生长以前为宜。同时还要注意伤口保护。此法对于生长强旺而难以成花的树种与品种均有较好效果。但考虑造伤对枝条具有较长时期的削弱抑制作用，一般提倡只是在临时性辅养枝和大中型结果枝组上使用，除特殊情况外一般不用于骨干枝，以免影响骨干枝的正常生长和结果负载后的牢固性。根据其造伤枝条生长方向及姿势的变和不变,可分为变向伤枝和不变向伤枝两大类。

1. 变向伤枝

变向伤枝是指将生长方向及姿势不合要求的枝梢,通过扭揉致伤技术改造为符合要求的修剪方法。主要包括扭梢、拧枝、拿枝、折枝和折梢等措施。

(1)扭梢。也叫捻梢和扭伤,指在夏季把直立旺长还未木质化的嫩绿新梢,在其中下部位用两手分别在上下捏紧,将梢头边拧边向下扭转并别固于基部枝杈处的方法。扭梢可促使原梢头当年成花下年结果和扭伤部位以下新梢基部分生中短枝,第二年成花第三年结果。一般在第三年后当原枝基部的新生枝有成花结果能力时,在冬剪时可根据其具体情况将原来向下扭伤的枝头回缩剪掉。当然,如果扭梢后并不造成此部位枝梢密挤而还有空间利用的情况下,仍可留用其原枝头继续结果生产。

(2)拧枝。也叫拧伤,指对一年生以上其下部"光腿"而上部直立旺长的木质化枝条拧转其枝轴的方法。一般是拧转180°,使枝轴上原来在背上背下的分枝在位置和方向上互相颠倒。拧枝的时间最好是在接近于萌芽的时期。必要时,在拧枝操作完成后再辅助一些基部刻伤等其他措施的技术剪法,对控制其可能造成冒条旺长现象的效果会更好些。对于实行拧枝后其枝头过长而形成交叉打架的过长枝条,可予以适当回缩。

(3)拿枝。也叫拿伤,指将比较直立的一二年生的长旺枝条或新梢自下向上用手连续捋拿,使其木质部轻微受伤后自然向下弯曲的方法。拿的技术要求是"响而不折",捋拿处理后的效果要求是枝条平滑弯曲,不能发生外部折伤。

(4)折枝。也叫折伤,是对比较直立有明显"光腿"或上强下弱现象的粗大临时枝在其中部做折伤开角的一种重型外科手术措施。具体操作方法是,先在枝条开角部位的内侧,斜向下剪个约30°的剪口,深度约为枝粗的1/3,然后一手托住剪口下面,一手外拉,枝即劈裂。再将劈裂的上口搭在下口上,使折伤枝条角度开张,平斜向外。若劈裂处不易自然搭固,也可在劈裂口内插夹一"枝舌"得其同样效果。过2~3年当折伤下部的弱枝复壮和新生枝成花之后,便可在折伤处回缩,剪去其前面的伤枝部分,从而培养成符合要求的新生枝组。此法在病虫严重的果园,应注意伤口消毒保护,以防感染病虫。

（5）折梢。指对直立生长的幼嫩新梢在失去摘心机会以后，于其中部用手折伤的一种简易方法。这种方法所造成的伤口很粗糙，愈合不好，有时还引起折梢枯死，虽然其作用也是抑上促下，但效果不如摘心和剪梢好。

可见，变向伤枝是一种伤枝又伤皮的重伤修剪方法，由于伤口对其枝条具有长期的削弱抑制作用，一般不宜在永久性的骨干枝上使用。对临时性的直旺枝条采取这种方法比较好。

2. 不变向伤枝

不变向伤枝是指不改变枝条的生长方向和姿势，只是利用其造伤的抑上促下作用来调控枝条生长势和成花结果能力的方法。根据对枝条造伤程度的不同，主要包括刻伤、环缢、环剥等措施。

（1）刻伤。指在春季萌芽前用刀具深刻枝条皮层和微伤木质部的方法。根据刻伤形式与目的不同，又可分为目刻、环刻和纵刻3种刻法。

目刻也叫目伤，是指在一二年生枝上紧靠芽的上位或下位横刻一小刀其形状如眼睛闭合的轻伤方法。芽上刻伤的目的主要是截留由根系向上输送的无机养分和水分，促其芽及时萌发形成强壮枝，修剪者常常利用这种技术根据自己的意图来诱导潜伏芽萌发生枝，以保证各种骨干枝的按时按位培养和防止出现"光腿枝"现象。芽下刻伤的目的主要是截留由叶片向下输送的有机养分，抑制芽的萌发和削弱萌发芽的成枝力，修剪者常常利用这种方法来控制直立旺枝的生长，从而达到培养中短枝促进成花结果的目的。

环刻也称环割和环切，是指在二年生以上枝条的某一部位环刻一周的方法。目的是缓和环刻部位以上枝条的生长势，促进其成花结果，并刺激刻伤部位以下潜伏芽萌发形成新枝，以补其空缺。所以，环刻多用于光腿枝、上强下弱枝和直立旺长不结果枝条的改造。有时如果一次或单环刻伤达不到目的时可采用多次环刻和多重环刻相结合的方法，以加强在生长方面抑上促下、在结果方面抑下促上的调节作用。

纵刻也叫纵伤，是指在多年生紧硬皮果树的主干和其他枝干上，沿其枝轴作纵向刻伤其皮层的方法。其作用一是抑制树势或者枝势过旺生长而促其成花结果，二是减少树皮的机械压力而利于枝干增粗。在土壤条件不好而且管理粗放营养不良的果园，树体枝干的表皮往往比较紧实而坚硬，使其内部的分生组织由于受到外部树皮的压力而难以发挥加粗生长作用，从而造成整个枝干缺乏应有的粗壮力。这样的果树，由于养分和水分的通路过于狭小，树体很难有起色性变化。在这种情况下，若结合加强肥水管理，利用纵刻技术对其树干和其他枝干上已经形成硬皮的部分进行纵向刻伤，则有助于枝干的增粗，从而加强其生长势。每个枝干每次纵刻的具体数目应依其枝干的粗度而定，粗枝可多，细枝可少。这种技术措施，北方地区的果农在桃、杏、枣、核桃等果树上有所应用。

（2）环缢。也称缚缢、绞缢，是指用铁丝或线绳在枝条适当的部位紧贴皮层缠绕一周的方法。其作用与环刻类似，但不伤害木质部和皮层。其抑上促下的效果是随其枝条的增粗生长而逐步表现出来的。一般来说，一开始比较缓和，以后随着环缢部位"蜂腰"的形成其作用越来越明显，而且在时间上一直能维持下去。所以，当达到促进成花结果的目的后则应及时解绑，去除环缢物，以免过分削弱上部的枝势甚至造成折断。解绑时间一般是在环缢处理20d以后。环缢的时期以冬剪到新梢旺长期以前为宜。适于环缢的枝条和部位，一般多是比较直立的光腿枝、上强下弱枝的中下部，以及大老树计划落头和枝干回缩更新的部位。

（3）环剥。指对多年生临时性大枝在适当部位剥去一圈一定宽度皮层的方法，其作用与环刻、环缢相同，但抑前促后的效应更加强烈。所以，此法能更加明显地削弱上端枝势旺长而减少无效消耗，同时暂时中断上部叶片光合产物的下运，使有机营养在环剥上部枝芽中大量积累，从而促进其成花、坐果与果实发育。对环剥部位以下，能促进弱枝复壮和潜伏芽萌发形成新枝，以弥补空间。环剥的效果以旺长不结果的枝条为好。

环剥技术的效果比较明显，但需谨慎使用。在其技术操作上，一是要注意剥皮的宽度，一般认为以枝粗直径的1/10为宜，过窄时愈合太快，达不到目的，过宽时长期不能愈合，严重削弱枝势，甚至造成死亡。二是要注意刻皮的深度，一般要求既不能伤及木质部，又要将两道环切之间的皮层剥除干净，不留残余。三是要注意环剥的部位，一般环剥应在有一定叶面积的分枝之下和"光腿"部位之上进行。同样的叶面积和分枝量，环剥的部位越高越好。四是要注意环剥的对象，由于环剥具有较长时期的削弱作用，所以多用于临时性的辅养枝和结果枝，除少数情况外，一般不用于永久性的骨干枝。五是要注意伤口包扎，以防失水过多和病虫侵入。

环剥的时期，以春季新梢叶片大量形成以后，其树体生长和开花坐果旺盛最需要有机养分的生长前期为宜，如新梢速长期、落花落果期、果实膨大期和花芽分化期等。最好不要在晚秋进行，以防其环剥伤口难以完全愈合。环剥枝条的伤口一般在20d左右即可愈合。环剥技术在具体应用时，可根据枝条的生长势等实际情况，采取单环、多环和双对半环等多种形式。

总之，刻伤、环缢、环剥等不变向伤枝的方法，从造伤方式与程度上说都是一种伤皮不伤木的方法，从修剪作用上说都是促进上部成花和下部发枝的方法。这些修剪技术方法由于对枝条的削弱和抑制作用不如变向伤枝强烈，所以除在直立旺长、上强下弱和中下部光腿缺枝的多年生枝上可大量应用外，在骨干枝上也可以酌情应用。但在骨干枝上应用时，必须小心谨慎，不能过重，不能过多，否则会影响骨干枝正常生长和结果负重后的牢固性。对过于直立旺长的枝条，还应和开张角度、弯枝缓势等方法结合起来，以取得更好的抑长、促花和保果之效果（王跃进和杨晓盆，2017）。

第三节　山楂树的修剪

一、修剪的基本原则

山楂具有在壮枝、枝顶、向阳面、叶幕表面结果的特性，对光照要求严格，山楂树整形应尽可能整成少主枝、分层次、受光表面积最大的树形。在修剪上，应尽可能提高枝芽质量，增加一二类结果母枝的比例。在方法上，应尽可能多用回缩、疏枝，少用短截，同时综合运用拉枝、扭枝、环剥、摘心等多种手法。在时间上，尽可能做好冬季修剪，调整好骨架和枝组结构，同时进行生长季修剪。

在实际生产中，不管采用哪种树形，必须注意3点，一是低干。干高以40~60cm为宜，不宜过矮，导致结果后枝条下垂。二是中冠。树高控制在3.5m以下，冠幅4m以内。三是打开光路。由于山楂枝叶量大，相互遮阴严重，透光率低，故大枝要少，辅养枝可适当多一点，防止光照恶化。

二、整形修剪的技术要点

根据山楂在生长结果方面存在中心领导干易歪、树冠易偏、枝干易开张、枝条易外密内稀、上强下弱、结果部位易外移等问题，树冠整形修剪时应重点掌握以下技术要点：一是防止树冠偏斜。利用拉枝和调整剪口芽方向等技术，培养姿势端正的中心领导干和大小均等的主枝和侧枝，以使树冠得到平衡对称的发展与定型。二是保持生长质量。主枝和侧枝的开张角度不宜过大，与中心领导干构成的腰角应分别为60°～70°和75°～85°，基角和梢角大体相同，但比其腰角要小15°左右。同时注意延长头附近不能结果，以防挂果负重后造成中上部及其枝头弯曲下垂。三是控制结果部位外移。结果枝组应尽量配置在主枝和侧枝的中下部，以防止结果部位快速发生外移后造成树冠内膛空虚和前部枝头负重衰弱。四是防止枝干光腿。利用冬、夏剪结合控上促下，使骨干枝的中下部多发枝发好枝，以防中后期树冠发生外密内稀、通风透光不良和枝干下部光秃无枝等失调失衡现象。五是疏除乱枝乱梢。注意随时疏除竞争枝、三杈枝、徒长枝等不规则枝条，维持骨干枝之间的从属关系和层性特征。

三、不同树龄的修剪特点

（一）幼树修剪

山楂苗栽植后1～2年内生长量较小，生长势弱，为缓苗期。山楂幼树整形时，定干高度要合理，骨干枝开张角度要大，使树冠内具有良好的通风透光条件，以充分利用光热资源和空间，合理利用辅养枝，保持树势中庸健壮。

幼树生长前3年以整形为主，目标是尽快形成合理树体结构。一般采用轻短截各级骨干枝的延长枝，疏除竞争枝和背上旺枝，其他枝条缓放不剪。栽植后4～5年的树体，各级骨干枝除长势弱和未达到树形结构标准者进行短截外，其他骨干枝缓放不剪。疏除过密枝、竞争枝、背上旺枝，回缩冗长枝，培养结果枝组。山楂幼树长势过旺或过弱都不利于开花结果，只有保持中庸树势，才能获得连年丰产。

(二)初果树修剪

这一时期的修剪除建造好树形外,还要培养好各种类型的结果枝组,使树体由有一定产量逐渐向盛果期过渡。一般采用以冬季修剪为主,充分利用夏季修剪的方法,调整和培养合理的树体结构,保持结果和树体均衡生长。短截各级骨干枝的延长枝,以保持从属关系和平衡树势。疏剪过密枝、拥挤枝或回缩改造成大型结果枝,疏剪过密的枝。应用先放后缩和先截后放相结合的方法培养健壮结果枝组。充分利用辅养枝结果,及时疏除无利用价值的辅养枝。

(三)盛果树修剪

盛果期山楂树的丰产形态指标为树体结构良好,树势健壮,内膛枝不密挤,不影响透光;结果母枝直径在0.45cm以上,结果枝直径在0.40cm以上,外围延长枝直径在0.40cm以上;每亩留枝量8万条左右,其中结果母枝不少于3万条;结果枝量占总枝量的30%~40%,一二类结果母枝占总结果母枝的70%左右,其中一类结果母枝占1/3,其产量占全树产量的1/2,全树产量80%以上由一二类结果母枝形成;树冠覆盖率75%~80%,叶面积指数保持在2.5~3.0;当年生枝叶片数平均在9片,且保持叶片质厚而浓绿。

此时的修剪主要是继续培养和修整树形,改善叶幕单位组合,调整露光叶幕表面状况,培养更新结果枝组,力争高产、稳产和优质,延长盛果期年限。应注意改善通风透光条件,对树冠外围新枝进行短剪,加强营养枝生长。回缩修剪复壮结果枝组。剪除过密枝、重叠枝、交叉枝、病虫枝。大枝先端下垂,可轻度回缩,选留侧向或斜上分枝带头。结果枝修剪应剪弱、留强、去细、留壮,以调整枝组密度。短截枝组内的强壮枝,作预备枝,以防出现大小年现象。注意合理利用徒长枝,可通过短截及夏季摘心,将徒长枝培养成结果枝组。对结果枝组,去上留下,去弱留强,去中心留左右。对扁平枝组见弱回缩。保持枝组有高有低,波浪延伸。防止内膛光秃的措施应根据疏、缩、截相结合的原则,进行改造和更新复壮,疏去轮生骨干枝和外围密生大枝及竞争枝、徒长枝、病虫枝、缩剪衰弱的主枝和侧枝,选留适当部位的芽进行小更新,培养健壮枝组。采用弱枝重截复壮和在光秃部位芽上刻伤增枝的方法进行改造。

（四）衰老树修剪

主要进行更新复壮。该时期树势明显变弱，骨干枝开始下垂，内膛秃裸，徒长枝大量发生，但山楂树比较容易更新复壮，只要在加强土肥水管理的情况下，再加上修剪措施，可以复壮树势，延长结果年限。一般有计划地在2~3年内疏除过多或重回缩骨干枝，培养大型结果枝组；利用徒长枝重新培养结果枝组；回缩交叉枝，疏除密挤枝、冗弱枝、并生枝、重叠枝、病虫枝及干枯枝；花前复剪，减少花量，以恢复树势。

第九章　山楂病虫害综合防控技术

第一节　主要病害

一、白纹羽病

白纹羽病是为害山楂等果树根系的重要土传病害之一，该病在我国山楂主产区均有发生，且老龄山楂园以及立地条件差、管理粗放的山楂园发病较重。染病初期树体与正常植株差别不大，但树体生长发育受影响，易造成树势衰弱、产量降低；若不采取防控措施，待地上部分出现叶片、枝条干枯等症状时，即失去早期防治的机会而难以挽救。该病具有隐蔽性强、传染性强、毁灭性强等特点，易暴发成灾，幼苗染病几周内即枯死，大树受害后2~3年内也会死亡，严重时全园蔓延直至毁园（冉昆等，2023）。

（一）为害症状

1. 地上部症状

染病初期除表现树势衰弱外，其余与正常植株无明显差异。随着根系受害加重，地上部叶片褪绿、凋萎变黄、脱落，嫩枝干枯。染病后期，叶片全部干枯凋零、枝条干枯，直至整株枯萎死亡。染病树体固地性差、不抗风，易被大风刮倒。秋季未枯死的树，第二年春季发芽晚、叶片小而黄、新发枝条少、果个变小、成熟期提前（图9-1）。

图9-1　染病中期（左）和染病后期（右）树体地上部症状

2. 地下部症状

病菌最初从山楂树根颈处的伤口侵入皮层组织，然后向主根和侧根蔓延。侵染初期，主根上产生白色菌丝层，侧根、须根外观正常；随着侵染加重，侧根和须根表面布满网纹状白色菌丝体。菌丝扩展形成白色菌索，之后扩散到土壤中，填满土壤孔隙，甚至蔓延到地表。病菌分泌物能够降解根系中的木质素和纤维素，导致根系腐烂，呈黑褐色，皮层易剥落，皮层内有时可见黑色细小的菌核。根系死亡后，表皮出现暗色粗糙斑块，斑块上长出刚毛状分生孢子梗，其上产生分生孢子（图9-2）。

图9-2 染病山楂根系产生白色菌丝体

（二）病原及发生规律

1. 病原

研究表明，白纹羽病病原菌的有性世代为座坚壳菌（*Rosellinia necatrix*），属子囊菌门、核菌纲、炭角菌目、炭角菌科；无性世代为无性孢子类束丝菌（*Dematophora necatrix*）。座坚壳菌的主要形态特征为菌丝层褐色、毡状，子座呈球形或近球状，表面黑色、炭质；子囊壳单个、表生，子囊孢子单胞、椭圆形；在腐朽的木质部上形成黑色、近球形的菌核，直径1mm左右，最大可达5mm。

2. 发生规律

主要通过病根和健根相互接触在果园中短距离传播，造成成行或成片山楂树死亡；也可随带菌苗木的调运远距离传播。病菌一般从根系上的伤口侵入，也可穿透皮层组织直接侵入。该病在3月中下旬开始发病，至10月下旬仍有零星病株出现，其中7—9月高温多雨，利于病害流行，为发病高峰期。病菌生长的最适温度为25℃，可以在病残体、田间病株及土壤中越冬。一般土壤黏重、地势低洼、管理粗放、树势衰弱的山楂园容易发病。不同砧木、不同品种的抗病性存在差异。

（三）防治措施

由于白纹羽病病原菌具有适应性强、寄主范围广、隐蔽性强、易暴发成灾的特点，因此田间防控白纹羽病比较困难。生产上应以预防为主，综合采用农业防治、物理防治、生物防治和化学防治的方法，尽量控制其为害。

1. 农业防治

（1）选栽无病苗木，避免重茬地建园。苗木调运时严格检疫，淘汰染病苗木。建园时选栽无病壮苗，如果苗木带病，可用1%硫酸铜溶液、2%石灰水、70%甲基硫菌灵可湿性粉剂或50%多菌灵可湿性粉剂800～1 000倍液浸泡根系15min，用水冲洗后再栽植；也可用45～50℃恒温水浸泡60min，以杀灭病菌。避免老果园原址或连作地建园。若原址建园，一定要深翻晒土、拣净烂根，种植2～3年其他作物后再栽植果树，栽植前用40%五氯硝基苯进行土壤消毒。

（2）加强栽培管理，提高树体抗性。清理园内杂草、枯枝落叶，及时清除所有病根，集中烧毁。增施有机肥、微生物菌肥，合理配施氮、磷、钾肥，提高土壤肥力。提倡果园深翻，改良土壤结构，增加有益微生物种群。改善果园排灌设施，特别要注意雨季及时排水，降低土壤湿度，减少病菌传播。合理修剪，调节树体负载量，改善通风透光条件。同时注重杂草管理，杂草在果园疾病传播中的作用容易被忽视，有些杂草的根系可以作为病原菌的宿主，或为菌丝生长提供营养，从而促进病害的传播。

2. 物理防治

（1）挖隔离沟。经常检查树体发病情况，做到早发现、早隔离、早预防。病株应及时挖除、烧毁，并在树冠投影范围外挖深1～1.5m、宽30cm的沟隔离，沟内填入无病新土，并撒石灰消毒，防止病菌蔓延。

（2）土壤暴晒。白纹羽病病原菌对温度比较敏感，夏季高温季节，用透明塑料薄膜覆盖地表，使地表温度升至50℃左右，从而利用高温有效杀灭病原菌，降低白纹羽病的为害。

（3）温水处理。温水处理能够杀灭白纹羽病的病原菌，而不会对树体造成伤害。有研究表明，染病盆栽梨树的根区进行滴加温水处理，35℃温水处理3d后，可以清除基质中的病原菌；随着温度的升高和处理时间的延长，根除白纹羽病所需时间呈指数下降；50℃处理下，可以完全破坏病根上的白色菌索，并长出许多新根。并且，温水处理与拮抗菌具有协同作用，将商业化木霉菌与温水处理结合，可提高田间防治白纹羽病的效果。山楂白纹羽病同样可以采用温水处理进行防治。

3. 生物防治

利用拮抗菌防治白纹羽病具有较好的应用前景。内生真菌棘孢曲霉（*Aspergillus aculeatus*）C2菌株对白纹羽病菌丝的抑制率最高可达81.48%；在田间条件下，毛皮伞菌（*Crinipellis tabtim*）M8菌株可使白纹羽病的发病率降低84.95%。苏云金芽孢杆菌（*Bacillus thuringiensis*）C25菌株可以降解白纹羽病菌丝体的细胞壁，从而对菌丝的生长表现出较强的拮抗作用。

4. 化学防治

（1）药剂灌根。当发现树势衰弱、叶形变小、叶色褪绿等早期症状时，及时扒开土壤检查并剪除病根，然后用100倍波尔多液、70%甲基硫菌灵可湿性粉剂800倍液或5°Bé石硫合剂进行消毒；如病部分散，可用0.5%~1%硫酸铜溶液进行灌根。一般在4—5月或9月至果树休眠期进行，避免在7—8月高温季节进行。病株处理后，应加强肥水管理，尽快恢复树势。

（2）土壤处理。对于发病严重、已枯死或凋萎的病株，应尽早刨除，并集中烧毁病残根，然后用50%代森锌水剂250倍液、1%硫酸铜溶液或40%五氯酚钠可湿性粉剂处理树穴后另换无病新土。

二、花腐病

山楂花腐病是山楂产区的重要病害之一，由于发病较早，很多果农不了解其发生规律，致使该病近年来在山楂产区发生较重，流行较重的年份个别果园近于绝产，给山楂种植户带来极大损失。

（一）为害症状

山楂花腐病主要于春季为害山楂幼叶、新梢、花朵和幼果，引起叶腐、枝腐、花腐或果腐（图9-3）。

幼叶被害，展叶后4~5d出现症状，发病初期在叶缘或叶片中央产生褐色短线条状或点状病斑；天气潮湿时，病斑上生出一层灰白色霉状物，即病菌的分生孢子；病斑进展迅速，6~7d可扩展至叶片的1/2，导致病叶腐烂；叶片上的病斑扩展到叶柄基部，导致病叶焦枯脱落，称为叶腐。新梢发病多见于基部萌蘖枝，多由新梢顶部叶片上的病斑扩展引起，病梢初现褐色斑点，后变为红褐色，病斑环绕枝条一周后病梢枯死，称为枝腐。病菌的分生孢子在开花期由柱头侵入直至果心，从果实内部心室开始向外扩展，落花后10d左右，幼果即可出现症状；初在果面上出现1~2mm褐色病斑，病斑迅速扩大，2~3d即迅速扩及全果，幼果呈暗褐色腐烂状；病果失水后僵化形成菌核，容易脱落，称为果腐。花朵染病，引起花蕾或花朵枯萎下垂，称为花腐（冉昆等，2022a）。

图9-3　山楂花腐病病果症状

（二）病原及发生规律

1. 病原

山楂花腐病病原的有性态为子囊菌亚门串孢盘菌［*Monilinia Johnsonii*（Ellis & Everh.）Honey］，无性态为半知菌亚门山楂褐腐串珠霉菌（*Monilia crataegi* Died.）。

2. 发生规律

病菌以菌丝在病僵果内越冬，第二年春季山楂展叶期时从病僵果上产生子囊盘，子囊盘展开后，大量子囊孢子呈烟雾状喷出，借风雨传播，孢子萌发后从伤口或皮孔侵入，导致山楂展叶期、开花期或幼果期发病。

山楂花腐病发生严重与否，主要取决于山楂展叶期到开花期的降雨条件。山楂展叶期降雨，叶腐即可发生，雨量大，降雨次数多，发病严重；花期降雨，花腐、果腐即可发生，雨量大，降雨次数多，发病亦重。温度对发病的影响次之，病菌菌丝在20~25℃温度范围内生长良好，低于10℃时生长缓慢，超过30℃时几乎不能生长。物候期与发病的关系极为密切，展叶初期和开花期是病菌侵染的适宜时期，也是药剂防治的关键时期。此外，不同品种对山楂花腐病的抗性差异较大，金如意、玉甘红等早熟品种发病较轻，大金星、大五棱等晚熟品种发病较重。

（三）防治措施

1. 农业防治

冬季彻底清除园内枯枝、落叶和病果，集中烧毁或深埋，消灭越冬菌源。春季萌芽前翻耕土壤，深度在15cm以上，将病果深埋在地下，防止子囊盘产生，消灭初次侵染源。雨后及时排水，降低果园湿度，减少病害发生概率。合理冬剪、减少伤口，促进树体健壮生长，提高抗病能力。

2. 化学防治

春季萌芽前全园喷洒45%晶体石硫合剂30倍液或3~5°Bé石硫合剂进行预防。发病初期及时喷药防治，最好保护剂和治疗剂混合使用，可于山楂展叶期、初花期和盛花期各喷施1次苯醚甲环唑、戊唑醇、吡唑醚菌酯等药剂，可有效防治山楂花腐病。

三、锈病

锈病是一种严重为害山楂等蔷薇科果树的真菌病害，主要由梨胶锈菌引起，主要为害山楂叶片，也可为害叶柄、幼果、果柄及新梢等幼嫩组织，在我国各山楂产区均有发生。目前生产上绝大多数主栽品种均易感病，只有山东的平邑红子及河南的7803、7903山楂免疫。该病多发生于春季多雨年份，发病率最高可达100%，易引起枯枝、枯芽及僵果，导致早期落叶和果实畸形，严重影响山楂树势和产量，甚至导致绝产和死树。由于山楂锈病发病较早，多数果农不了解其发生规律，后期再进行防治难以收到成效，致使该病在某些山楂产区发生逐年加重，给山楂产业带来不容忽视的损失。

（一）为害症状

1. 侵染山楂的为害症状

叶片发病初期，在叶片正面产生橙黄色、有光泽的小斑点，以后逐渐扩大为圆形病斑，病斑中部橙黄色，边缘淡黄色。病斑出现后1个月左右，表面密生针尖大小的橙黄色小粒点，即病菌的性孢子器，天气潮湿时，其上分泌出淡黄色黏液，内含无数性孢子，黏液干燥后，小粒点变为黑色。随后病斑部位逐渐增厚，叶正面略凹陷，背面隆起，且在隆起部位长出类似胡子状的白色芽管，即锈孢子器，因此又被称为赤星病、"羊胡子"病。山楂嫩枝和叶柄的症状表现与叶片类似，被侵染的幼嫩组织停止生长、易折断，未折断的部位在冬天干枯龟裂，发病部位以上的枝条死亡（图9-4）。幼果染病后，靠近萼洼的果面出现近圆形病斑，初为橙黄色，后变为黄褐色；病斑表面也产生初为黄色、后为黑色的小点，其后在病斑四周产生细管状的锈孢子器；病果生长停滞、病部僵硬，多呈畸形或提早脱落（冉昆等，2022b）。

1—叶片发病初期；2—叶片背面发病状；3—叶柄发病状；4—果柄发病状；
5—幼果发病状；6—园区严重为害状

图9-4 山楂锈病侵染山楂的症状表现

2.侵染转主寄主的为害症状

梨胶锈菌需转主寄生才能完成生活史，桧柏、圆柏、龙柏等为其转主寄主，可侵染桧柏的小枝、鳞叶或针叶，形成黄褐色球状隆起的菌瘿，菌瘿随着桧柏的生长而生长。菌瘿越冬后，第二年2—3月继续发育，其上可见褐色的裂纹；至3月下旬，菌瘿发育成熟，遇水膨大形成似橙黄色鸡冠状或花朵状的冬孢子角，重者全树皆"花"（图9-5）；当干旱无水时，冬孢子角缩小干枯。

图9-5　梨胶锈菌冬孢子角

（二）发生规律

1.侵染规律

梨胶锈菌具有性孢子、锈孢子、冬孢子和担孢子阶段，没有夏孢子阶段，因此，山楂锈病一年只能发生一次。病菌在山楂上完成性孢子和锈孢子阶段，在桧柏等转主寄主上完成冬孢子和担孢子阶段。病菌以菌丝体或冬孢子角在桧柏上越冬，第二年4月，当环境条件适宜时，冬孢子角在桧柏上开始萌发，由冬孢子发育成担孢子。担孢子通过风力传播到山楂上，从气孔侵染为害叶片、幼果等幼嫩组织器官，然后产生性孢子器及性孢子。5月上旬由性孢子器分泌黄色汁液，经昆虫传播到相同配型的异性孢子器上完成受精；6月下旬产生锈孢子器，7月上中旬锈孢子器发育成熟后产生芽管，生成褐色锈孢子；锈孢子通过风力传播侵染桧柏等转主寄主，并在桧柏上越冬，完成整个侵染循环。

2. 发病条件

山楂锈病的流行程度与早春的气候密切相关，一般情况下需满足以下3个条件，山楂锈病才会发生。

（1）发病时间。由于担孢子只能从山楂的幼嫩组织侵入，因此，山楂锈病仅在山楂萌芽展叶期和幼果期发病。

（2）温度。当温度高于5℃时，菌瘿开始发育；当气温15~20℃时，最适宜冬孢子的发育，吸足水分的冬孢子角3h内便会萌发产生担孢子；温度高于30℃会产生明显的抑制作用。

（3）湿度。降雨是引发锈病发生的必需条件，冬孢子角需要有2mm以上的降雨，才能吸足水分和膨胀；若连续2日降雨，可使冬孢子完全发育成担孢子。

此外，锈病发生的严重程度与山楂和桧柏等转主寄主的距离远近密切相关。距离越近，发病机会越多，距离越远，发病机会越少。若山楂园周围5km内没有桧柏，则不会发生山楂锈病。另外，转主寄主上存在的越冬病菌数量越多，第二年发病可能就越重。

（三）防治措施

梨胶锈菌具有转主寄生的特点，必须在转主寄主上才能完成侵染循环，因此通过消灭转主寄主、控制转主寄主上的病原菌数量、侵染初期及时喷药防控就能有效防治山楂锈病。

1. 农业防治

彻底清除山楂园周围5km以内的转主寄主是防治山楂锈病的最有效方法。当无法清除转主寄主时，要在2月下旬至3月上旬山楂树萌芽前，剪除桧柏上山楂锈病的菌瘿，然后喷布3~5°Bé石硫合剂，以抑制冬孢子的萌发，减少病原菌的数量。

2. 化学防治

往年山楂锈病发生较重的果园，从山楂展叶期开始，每隔10～15d喷施1次保护性杀菌剂，如50%吡唑醚菌酯水分散剂4 000～5 000倍液，或80%代森锰锌可湿性粉剂800倍液等，连续喷施2～3次。4—5月，遇有降雨，每天检查叶片上是否出现病斑，当病叶率超过5%，立即喷施2～3次内吸性杀菌剂，如10%苯醚甲环唑水分散剂2 000～2 500倍液，或40%氟硅唑乳油4 000～5 000倍液，或43%戊唑醇悬浮剂4 000～5 000倍液，或12.5%的烯唑醇可湿性粉剂2 500～3 000倍液，或15%三唑酮可湿性粉剂1 000倍液等。

四、白粉病

俗称歪脖子病、花脸病，是山楂产区的重要病害之一。发病严重时，常造成幼果大量脱落和果实畸形，并影响第二年新梢的抽生和花芽形成，进而影响山楂产量和质量。

（一）为害症状

主要为害山楂的花蕾、新梢、幼叶和幼果等幼嫩器官（图9-6）。幼叶被害，初期发生淡紫色病斑，之后叶片正面和背面均布满白粉，即病菌的分

1—幼叶正面受害状；2—幼叶背面受害状；3—成熟叶片受害状；4—花蕾受害状；
5—幼果受害状；6—果实受害后期

图9-6　山楂白粉病发病症状

生孢子和分生孢子梗，严重时病部向叶背凸出，叶片卷缩扭曲；6月中旬病斑处开始出现小黑粒，即病菌的闭囊壳。嫩芽发病初期，出现褪色或粉红色的病斑，染病嫩芽抽生的新梢布满白粉，节间变短，质硬而脆，严重时枯死。花蕾受害多发生在近花柄部位，初散生多个浅红色粒状小点，后密生白粉，畸形肿大，致使花蕾向一侧弯曲，严重时导致花蕾未开先落。幼果多在落花后染病，首先在近果柄处或果面出现病斑，被覆白粉层，受害果实向一侧弯曲，状若"歪脖"，而后病斑逐渐扩展至整个果面，严重时从果柄病斑处断落，少量不脱落的受害果实，病斑处硬化龟裂，呈"花脸"状，果实着色不良，丧失商品价值（冉昆等，2022c）。

（二）病原及发生规律

病原有性态为蔷薇科叉丝单囊壳菌，属子囊菌亚门白粉菌科；无性态为山楂粉孢霉菌，属半知菌亚门；以闭囊壳在病叶上越冬。

山楂白粉病的发生与春季气候密切相关。调查表明，新梢生长期、开花及坐果期是鲁中南地区山楂白粉病的流行盛期。3月底至4月初，当气温高于12℃时，病叶上越冬的闭囊壳遇雨后释放子囊孢子，通过气流传播，首先侵染砧木萌蘖和易感品种的幼嫩组织器官，然后在病部产生大量分生孢子，借气流传播，进行重复侵染；4月中下旬后，气温在16～23℃、天气干旱时，利于病害的发生和流行；6月中下旬后，气温高于30℃时，发病渐缓并逐渐停滞。

（三）防治措施

根据山楂白粉病的发生规律，抓住两个关键环节进行防治，一是秋季落叶后彻底清园，春季及时剪除病梢，减少初侵染和再侵染的菌源；二是抓住关键时期（展叶期至开花前、落花后、落花后半个月）进行化学防治，可有效防治山楂白粉病的发生。

1. 农业防治

（1）选用抗病品种。不同品种对山楂白粉病的抗性差别较大，如金如意高抗白粉病，大金星、大绵球、甜红子等品种对山楂白粉病的抗性较强。

（2）加强栽培管理。科学施肥，多施腐熟有机肥，增施磷、钾肥；合理修剪，改善树体通风透光条件，促进树体健壮生长，提高树体抗病能力。适量灌水，避免大水漫灌，有条件的采用滴灌、水肥一体化等方式，降低果园湿度，减轻病害发生。

（3）铲除菌源。秋季落叶后，彻底清除落叶、枯枝和病果，集中烧毁或深埋，以减少越冬菌源。3月下旬至5月上旬，及时剪除病梢及砧木萌蘖，铲除园区周边的野生山楂树，以减少再侵染的病菌数量。

2. 化学防治

春季萌芽前全园喷洒45%晶体石硫合剂30倍液或3～5°Bé石硫合剂进行预防。发病初期及时喷药防治，最好保护剂和治疗剂混合使用，于展叶期至开花前、落花后、落花后半个月各喷施1次。药剂可选用对子囊菌高效的麦角甾醇合成抑制剂类，如苯醚甲环唑、腈菌唑、戊唑醇等，或广谱的甲氧基丙烯酸酯类杀菌剂，如吡唑醚菌酯等。

五、腐烂病

腐烂病是一种重要的枝干病害，在全国各山楂产区均有发生。为害轻时造成树势衰弱，影响产量；为害重时导致死枝死树，甚至毁园。

（一）为害症状

腐烂病主要为害主干、主枝，有时也可为害小枝与果实。枝干受害，症状表现分为溃疡型与枝枯型两种类型。

1. 溃疡型

主要发生在主干、主枝及枝杈处，春季和夏季衰弱树上发生较多。发病初期，病斑呈红褐色、水渍状、微隆起，圆形、长圆形或不规则形，腐烂组织松软，按压病斑可流出黄褐色至红褐色汁液，稍带酒糟味。发病后期，病斑失水干缩、凹陷，颜色加深，病健交界处产生裂缝，有时病斑表面也可产生；同时，病斑表面逐渐散生出黑褐色至黑色小粒点，雨后或环境潮湿时其上可溢出黄色至黄褐色丝状物（图9-7）。

图9-7 山楂溃疡型腐烂病

2. 枝枯型

主要发生在小枝上,衰弱树上较为常见。病斑形状多不规则,迅速扩展绕枝后病斑上部枝条逐渐枯死。后期,枯枝上也可产生小黑点及黄丝。

果实受害,多由枯死枝蔓延引起。病斑圆形或不规则形,黄褐色至红褐色,有时呈颜色深浅交替的轮纹状。病组织腐烂,稍有酒糟味,后期表面也可产生小黑点,但很少溢出黄丝。

(二)病原及发生规律

1. 病原

有性阶段为黑腐皮壳菌(*Valsa* sp.),属子囊菌亚门核菌纲球壳菌目;无性阶段为蔷薇科壳囊孢(*Cytospora oxyacanthae* Rab.),属半知菌亚门腔孢纲球壳孢目。病斑表面的小黑点即为病菌的子座组织(内生分生孢子器或子囊壳),黄色丝状物为孢子黏液。

2. 发生规律

病菌主要以菌丝体与子座组织(分生孢子器或子囊壳)在田间病株及病

斑上越冬。第二年条件适宜时（多雨潮湿或降雨后）溢出病菌孢子，通过风或雨水传播，从各种伤口（修剪伤、冻伤、机械伤等）侵染为害。

腐烂病菌是一种弱寄生菌，树体上许多枯死组织部位均普遍带有病菌。当树势健壮时，病菌处于潜伏状态，不能导致形成病斑；而当树势衰弱或树体局部衰弱时，潜伏病菌扩展为害则导致形成病斑。一般果园一年有两个发病高峰期，分别为3—5月和8—9月，且春季高峰重于秋季。管理粗放、树势衰弱是导致该病较重发生的主要因素。土壤瘠薄、有机肥缺乏的果园发病较重，大小年频繁交替的果园病害较重，易发生冻害的果园病害亦发生较重。

（三）防治措施

以加强栽培管理、壮树防病为基础，铲除树体带菌、防控病菌为害为重点，及时治疗病斑、恢复树势健壮为辅助。

1. 农业防治

增施有机肥，科学使用速效化肥，培育壮树，提高树体抗病能力。根据树势及施肥水平，科学疏花疏果，合理负载，杜绝大小年结果现象。干旱地区注意及时浇水，平地果园雨季注意排水。

2. 化学防治

（1）做好果园卫生，铲除树体带菌。结合修剪，彻底剪除病枯枝，集中带到园外销毁。粗翘皮较重的果园，发芽前尽量刮除，但不宜重刮。树体萌芽前，全园喷施1次铲除性药剂清园。效果较好的药剂有30%戊唑·多菌灵悬浮剂400~600倍液、41%甲硫·戊唑醇悬浮剂400~500倍液、60%铜钙·多菌灵可湿性粉剂300~400倍液、77%硫酸铜钙可湿性粉剂300~400倍液、45%代森铵水剂200~300倍液等。

（2）及时治疗病斑。发现病斑及时治疗，以刮治效果最好。早发现、早治疗，治早、治小。刮治病斑后及时涂药，有效药剂如2.12%腐植酸铜水剂、3%甲基硫菌灵糊剂、30%戊唑·多菌灵悬浮剂50~80倍液、41%甲硫·戊唑醇悬浮剂50~70倍液、20%丁香菌酯悬浮剂100~200倍液等。

3. 其他措施

尽量减少各种伤口，避免过度修剪，禁止严冬修剪，修剪伤口及时涂药保护。易发生冻害地区，秋后及时树干涂白。

六、轮纹病

轮纹病是一种常见的果实病害，在我国各山楂产区均有发生，但以北方和华东产区发病较重。一般果园病果率在10%~20%，严重时可达50%以上。

（一）为害症状

轮纹病主要为害果实，也可为害枝干。果实受害，多从近成熟期开始发病，初期以皮孔为中心产生圆形小斑点，淡褐色至褐色；随病斑不断扩大，逐渐形成近圆形轮纹状腐烂病斑，有时病斑表面轮纹不明显。严重时，半个以上果实腐烂。枝干受害，多以皮孔为中心开始发病，初期产生暗褐色瘤状小斑点，逐渐扩大成圆形或近圆形褐色瘤状病斑；后期，病健交界处产生裂缝，病组织边缘翘起，病斑表面逐渐散生出黑色小粒点。第二年病斑继续向周边扩展，形成环状坏死斑，后期边缘同样产生裂缝、翘起。如此可以连续扩展几年。枝干病斑多时，常导致树皮粗糙。

（二）病原及发生规律

1. 病原

有性阶段为贝伦格葡萄座腔菌梨生专化型［*Botryosphaeria borengeriana* de Not. f. *piricola*（Nose）Koganezawa et Sakuma］，属子囊菌亚门核菌纲球壳菌目。自然界常见其无性阶段，为轮纹大茎点菌（*Macrophoma kawatsukai* Hara），属半知菌亚门腔孢纲球壳孢目。病斑表面的小黑点即为病菌的分生孢子器。

2. 发生规律

病菌主要以菌丝体或分生孢子器在枝干病斑上越冬，第二年温湿条件适宜时产生并溢出分生孢子，通过风雨传播，从皮孔侵染为害。果实受害，从落花后的幼果期至成熟期均可发生；枝干受害，整个生长期均可发生。但均为初侵染为害，该病没有再侵染。幼果期侵染果实的病菌，具有潜伏侵染特性，到果实近成熟期才导致发病。多雨潮湿是影响该病发生的主要因素，树势衰弱、管理粗放果园发病较重。

（三）防治措施

1. 农业防治

增施有机肥，科学使用速效化肥，干旱季节及时灌水，培育壮树，提高树体抗病能力。合理修剪，使果园通风透光，降低环境湿度。合理负载，保持树体健壮。

2. 化学防治

（1）做好果园卫生，铲除树体带菌。结合其他病害防控，发芽前喷施1次铲除性药剂清园，杀灭树体带菌。枝干病斑严重的果园或树体，在药剂清园前先轻刮枝干病斑，然后再喷药清园效果较好。

（2）生长期喷药防控。以防控果实受害为主，兼防枝干受害。一般从落花后10d左右开始喷药，15d左右1次，连喷3～5次，以治疗性药剂与保护性药剂交替使用或混用效果较好。常用治疗性药剂有70%甲基硫菌灵可湿性粉剂或500g/L悬浮剂800～1 000倍液、50%多菌灵可湿性粉剂600～800倍液、430g/L戊唑醇悬浮剂3 000～4 000倍液、10%苯醚甲环唑水分散粒剂1 500～2 000倍液；常用保护性药剂有80%代森锰锌（全络合态）可湿性粉剂600～800倍液、80%代森锌可湿性粉剂600～800倍液、77%硫酸铜钙可湿性粉剂800～1 000倍液等。

七、炭疽病

炭疽病近年来已经成为山楂及其他果树严重的流行病害之一，果实成熟时造成大量烂果和脱落，甚至绝产，给山楂生产造成较大损失。

（一）为害症状

主要为害果实，也可为害叶片和枝条。果实受害，多从近成熟期开始发病，初期在果面上产生淡褐色至褐色圆形病斑，后病斑逐渐扩大，形成褐色至黑褐色，圆形或近圆形凹陷病斑。后期，病斑表面可产生小黑点，散生或近轮纹状排列；潮湿时，小黑点处可溢出淡粉红色黏液。有时一个果实上可发生多个病斑，病果不能食用。果实病斑被药剂控制住后，病组织后期易剥离翘起。叶片受害，多从叶尖或叶缘开始发生，形成褐色至红褐色大型干枯病斑，呈"V"形或不规则形。枝条受害，病斑多不明显，但可产生小黑点与粉红色黏液。

（二）病原及发生规律

1. 病原

胶孢炭疽菌（*Colletotrichum gloeosporioides* Penz.），属半知菌亚门腔孢纲黑盘孢目。病斑表面的小黑点即为病菌的分生孢子盘，粉红色黏液为分生孢子黏液。

2. 发生规律

病菌主要以菌丝体或分生孢子盘在病枝条上越冬，也可在刺槐上（刺槐是炭疽病菌的重要寄主）越冬。第二年温湿条件适宜时越冬病菌产生分生孢子，通过风雨传播，从皮孔或直接侵染为害。果实发病后，在田间可导致再侵染。果实受害，从幼果期至采收期均可发生，一般果园7—9月为发病高峰。阴雨连绵、高温高湿、果园郁闭易导致炭疽病发生与流行，以刺槐做防护林的果园发病早且重。

（三）防治措施

1. 农业防治

（1）选择抗病品种。不同品种抗病性存在明显差异，抗病性从强到弱依次为大金星>笨红子>大五棱>大绵球>玉甘红>珍珠红>金如意>小花叶>歪把红，其中歪把红最容易感病。

（2）加强栽培管理。合理修剪，促使果园通风透光，降低环境湿度，创造不利于病害发生的生态条件。

2. 化学防治

结合其他病害防控，发芽前喷施铲除性药剂清园，杀灭树上越冬病菌。以刺槐做防护林的果园，注意喷洒周围的刺槐树。春季山楂树发芽前可喷洒3~5°Bé石硫合剂或3%~5%重柴油乳剂，重点喷洒根蘖苗和实生砧，有助于消灭越冬病原。从落花后10d左右开始喷药，15d左右1次，连喷4~6次，以治疗性药剂与保护性药剂交替使用或混用效果较好。有效药剂有70%甲基硫菌灵可湿性粉剂700倍液、50%多菌灵可湿性粉剂600倍液、10%苯醚甲环唑1 000倍液+25%的吡唑嘧菌酯1 500倍液、450g/L咪鲜胺乳油1 200~1 500倍液等（崔梅等，2022）。

八、枯梢病

枯梢病主要为害结果枝梢，造成结果枝枯萎死亡，直接影响果品产量，在许多山楂产区是一种严重病害，特别在北方产区发生为害较重，一般果园枯梢率在15%~30%，严重高达50%。

（一）为害症状

枯梢病主要为害二年生果桩枝条，造成结果枝花期枯萎死亡。发病初期，果桩枝条皮层变褐腐烂，继而干枯、缢缩，并逐渐向下扩展蔓延。当病斑蔓延至果枝基部时，当年生果枝迅速失水萎蔫、干枯死亡。后期，病部表皮下逐渐产生出灰褐色至黑褐色小粒点，潮湿时其上可溢出乳白色丝状物。枯梢不易脱落，残存树上可达一年。

（二）病原及发生规律

1. 病原

葡萄生壳梭孢，属于半知菌亚门腔孢纲球壳孢目。病斑表面的小粒点为病菌的分生孢子器，乳白色丝状物为分生孢子角。

2. 发生规律

病菌主要以菌丝体和分生孢子器在二三年生果桩枝条上越冬。第二年春季新梢抽生至现蕾开花期病斑迅速向下扩展蔓延，当病斑蔓延至新梢基部时，造成当年生果枝枯萎。落花后半个月左右枯梢现象基本停止发生。6—7月，病斑上溢出许多病菌孢子，该孢子通过风雨传播，侵染为害二年生果桩，并在果桩上潜伏越冬。老龄树、衰弱树、修剪不当及管理粗放的果园发病较重，幼树、壮树发病较轻；树冠外围强壮枝条发病较轻，内膛衰弱枝条发病较重。

(三) 防治措施

1. 农业防治

增施农家肥等有机肥，按比例科学使用速效化肥，干旱季节及时浇水，培育壮树，提高树体抗病能力。合理修剪，促使树体通风透光；科学确定结果量，保证树体健壮生长。

2. 化学防治

（1）做好果园卫生，发芽前药剂清园。结合修剪，彻底剪除各种枯死枝，集中带到园外销毁，消灭病菌越冬场所。往年病害发生较重果园，发芽前喷施1次铲除性药剂清园，杀灭树上残余越冬病菌。药剂有41%甲硫·戊唑醇悬浮剂400~500倍液、30%戊唑·多菌灵悬浮剂400~600倍液、77%硫酸铜钙可湿性粉剂300~400倍液等。

（2）生长期及时喷药防治。从雨季到来初期开始喷药，半个月左右喷1次，连喷2~3次。效果较好的药剂有70%甲基硫菌灵可湿性粉剂800~1 000倍液、50%多菌灵可湿性粉剂600~800倍液、10%苯醚甲环唑水分散粒剂1 500~2 000倍液、30%戊唑·多菌灵悬浮剂800~1 000倍液等。

九、叶斑病

叶斑病是山楂常见的一种叶部病害，在我国各产区均有发生。一般年份病叶率在10%~20%，严重年份可达40%以上，9月即可导致叶片脱落，对树势及产量影响很大。

(一) 为害症状

主要为害叶片，分为斑点型与斑枯型两种类型。斑点型的初期病斑呈褐色近圆形，边缘整齐清晰，直径多为2~3mm；扩展后呈近圆形或不规则形，病斑颜色变淡；后期，病斑呈灰白色，表面散生出多个小黑点。一张叶片上常有多个病斑，严重时相互连成片，呈不规则形大斑，病叶易变黄、脱落。斑枯型的病斑呈褐色至暗褐色，多为不规则形，直径5~10mm。严重时，多个病斑连接成不规则形大斑,易导致叶片焦枯早落。后期,病斑表面散生出较大的黑色小粒点。斑点型与斑枯型叶斑病有时在同一叶片上混合发生(图9-8)。

图9-8　山楂叶斑病

(二)病原及发生规律

1. 病原

斑点型的病原是山楂生叶点霉,属半知菌亚门腔孢纲球壳孢目,病斑表面的小黑点为病菌的分生孢子器。斑枯型的病原是拟盘多毛孢,属半知菌亚门腔孢纲黑盘孢目,病斑表面的小黑点为病菌的分生孢子盘。

2. 发生规律

两种病菌均在落叶上越冬。第二年条件适宜时产生分生孢子,通过风雨传播进行侵染。北方一般6月中旬开始发病,8—9月达发病盛期,严重时9月中下旬即引起叶片脱落。降雨早、雨量大的年份病害发生较重,尤其是7—8

月的降雨影响最大。土质黏重、地势低洼、排水不良、树冠郁闭有利于病害发生,肥水不足、结果量过大、树势衰弱的果园发病较重。

(三)防治措施

1. 农业防治

增施有机肥,科学使用速效化肥,干旱季节及时灌水,雨季注意排水,培育壮树,提高树体抗病能力。落叶后至发芽前彻底清扫落叶,集中深埋或烧毁,消灭病菌越冬场所。合理修剪,使树体通风透光,降低环境湿度,创造不利于病害发生的条件。

2. 化学防治

从病害发生初期或初见病斑时开始喷药,半个月左右喷1次,连喷3~5次。常用药剂有70%甲基硫菌灵可湿性粉剂800~1 000倍液、430g/L戊唑醇悬浮剂3 000~4 000倍液、10%苯醚甲环唑水分散粒剂1 500~2 000倍液、40%腈菌唑可湿性粉剂6 000~8 000倍液、80%代森锰锌可湿性粉剂600~800倍液等。

十、红粉病

(一)为害症状

主要为害果实,一般从近成熟果实开始发生,有时采收后仍可发病。果实受害,多从伤口处或带有枯死组织的部位开始发生,初期产生褐色至深褐色病斑,后很快扩展成圆形、近圆形或不规则形干腐斑,明显凹陷。随病斑发展,表面逐渐产生出淡粉红色霉状物,后期霉状物布满整个病斑表面。严重时,整个果实受害,形成僵果;甚至病斑蔓延至果柄上,造成果柄干枯。

(二)病原及发生规律

1. 病原

粉红聚端孢霉,属半知菌亚门丝孢纲丝孢目。病斑表面的霉状物即为病菌的菌丝体、分生孢子梗和分生孢子。

2. 发生规律

红粉病菌是一种弱寄生性真菌，没有固定越冬场所，在自然界广泛存在。分生孢子主要通过气流或风雨传播，从伤口或枯死组织部位侵染为害。果实虫害较重、伤口较多、果园郁闭、管理粗放等均有利于红粉病发生。

（三）防治措施

以加强果园栽培管理和安全贮运为主。合理修剪，促使果园通风透光，降低环境湿度。结合修剪，彻底剪除各种枯死枝、病伤枝，集中带到园外销毁。加强蛀果害虫防控，减少果实伤口。易发生雹害的地区或果园，遭受雹害后应及时加强肥水管理，促进伤口愈合。贮运前仔细挑选，彻底剔除病、虫、伤果，并尽量采用低温贮运，控制病害发生（冯玉增，2010）。

十一、木腐病

又称心腐病、心材腐朽病，主要为害成年老树或衰弱树，在全国各山楂产区均有发生。病树木质部腐朽，支撑和负载能力降低，大风天气枝干容易折断。

（一）为害症状

主要发生在衰老树的主干、主枝上，病树树势衰弱，叶片色淡无光，结果少而小，发芽晚，落叶早。病树枝干木质部腐朽，手捏易碎，木质部内充满灰白色菌丝，枝干表面或伤口处产生灰白色至黄褐色的病菌结构。该病菌结构形状因病菌种类不同而异，常见有马蹄状、贝壳状、膏药状、馒头状、层状等类型。

（二）病原及发生规律

1. 病原

可由多种病菌引起，常见种类有截孢层孔菌、木蹄层孔菌等，均属于担子菌亚门层菌纲非褶菌目，均为弱寄生性真菌。树体表面的病菌结构即为病菌的担子果，其上产生并释放出大量病菌孢子（担孢子）。

2. 发生规律

病菌主要以菌丝体在病树枝干内或病菌结构在树体表面、病残体上越冬，菌丝体在树体内能连年扩展为害。枝干表面的病菌结构上产生病菌孢子，通过气流或风雨传播，从伤口侵染为害。长期不能愈合的机械伤口易受病菌侵染。树势衰弱、机械伤口多、管理粗放果园发病多，老龄树、衰弱树受害较重。

（三）防治措施

加强栽培管理、壮树防病是基础，保护各类伤口并促进伤口愈合为关键。

1. 农业防治

增施农家肥等有机肥，按比例科学使用速效化肥，干旱季节及时灌水，培育健壮树体，提高抗病能力。合理修剪，根据树势和肥水条件科学确定结果量，避免形成大小年，促使树体健壮生长。修剪伤口后及时涂药保护或贴附保护膜，防止病菌侵染。

2. 化学防治

首先，随时清除树体表面的病菌结构，集中带到园外烧毁，并对枝干伤口涂药保护。其次，结合其他病害防控，在萌芽前喷药清园，杀死部分树体表面携带病菌。

第二节　主要虫害

一、山楂叶螨

（一）分布与为害

山楂叶螨属蛛形纲蜱螨目叶螨科，又属蛛形纲真螨目叶螨科，又称山楂红蜘蛛，俗称"红蜘蛛"，在我国各果树产区均有发生，可为害苹果、梨树、山楂、桃树、樱桃等多种果树，以幼螨、若螨和成螨刺吸汁液为害。

主要为害叶片，严重时也可为害嫩芽和果实。嫩芽受害，严重时嫩叶不能正常伸展，表面布满丝网，甚至焦枯。叶片受害，主要在叶背面刺吸汁液为害（有时也可在叶正面为害），受害叶片正面（或背面）出现密集的苍白色失绿小斑点，螨量多时失绿斑点连片，呈黄褐色至苍白色；严重时，叶片背面甚至正面布满丝网，叶片呈红褐色，似火烧状，易引起大量落叶，造成二次开花。不但影响当年产量，还会对以后两年的树势及产量造成不良影响。

（二）形态特征

雌成螨长约0.55mm，宽0.33mm。冬型雌成螨鲜红色，夏型雌成螨初期为红色，取食后为暗红色。体背前端稍隆起，后部有横向的表皮纹。刚毛较长，基部无瘤状突起。雄成螨长约0.4mm，末端尖细，初期为浅黄绿色，后期变为橙黄色。阳茎端锤的远侧突起很长，粗壮，末端尖利。卵圆球形，半透明，浅黄白色至橙红色。幼螨体为圆形，初孵化时黄白色，取食后呈浅绿色，3对足。若螨淡绿色或浅橙黄色，前期体背开始出现刚毛，体背两侧有明显的墨绿色斑纹，4对足。静止期螨体外被一层半透明膜状物。

（三）生活习性及发生规律

山楂叶螨在北方果区一年发生6~10代，以受精雌成螨在主干、主枝和侧枝的翘皮、裂缝及根颈周围土缝、落叶、杂草根部越冬。第二年果树花芽膨大时开始出蛰为害，山楂展叶抽梢期为出蛰盛期，山楂花序分离期为产卵高峰期。卵经8~10d孵化，同时成螨开始出现，第二代以后世代重叠。5月上旬以前虫口密度较低，6月成倍增长，到7月达全年发生高峰。从8月上旬开始，由于雨水较多，加之天敌对其的控制作用，山楂叶螨繁殖受到限制，9—10月开始出现受精雌成螨越冬。

高温干旱条件下为害较重。一般果园先从树体内膛开始发生为害，随气温升高逐渐向外扩散。6—7月高温干旱季节达全年为害高峰期。受害严重果树，8月下旬至9月初开始出现越冬型雌成螨，出现高峰在9月下旬，进入10月后害螨几乎全部进入越冬场所越冬。

（四）防治措施

1. 农业防治

越冬前在树干上束草环或树盘覆草，可诱集大量越冬雌螨，第二年春天出蛰前集中烧毁。果树发芽前刮除主干翘皮、裂缝，减少越冬雌成螨。果树生长期遇少雨干旱时，及时浇水，增加果园湿度，减少螨虫繁殖和为害。

2. 生物防治

山楂园采取自然生草或行间种草，如种植长柔毛野豌豆或将其与白车轴草、蒲公英混合种植，有利于吸引和助增天敌，如异色瓢虫和塔六点蓟马等。必要时人工投放捕食螨和塔六点蓟马进行防控。

3. 化学防治

可以选用哒螨灵15%乳油2 500倍液，240g/L螺螨酯和110g/L乙螨唑4 000~5 000倍液，43%联苯肼酯1 800~2 500倍液处理，对山楂叶螨有良好的速效性和持效性。

二、绣线菊蚜

（一）分布与为害

绣线菊蚜属同翅目蚜科蚜属，别名苹果黄蚜，俗称腻虫、蜜虫。此虫分布极其普遍，其寄主有苹果、梨、桃、山楂和石榴等多种植物。绣线菊蚜具有明显的趋嫩习性，以成虫和若虫刺吸新梢和嫩叶汁液，群集在新梢和叶片背面为害，使新梢生长受阻，造成叶片卷缩，同时由于蚜虫分泌蜜露而诱发煤污病，影响植物的光合作用，严重时造成树势衰弱，影响果实的外观和品质，给果农生产带来严重的经济损失。

（二）形态特征

无翅孤雌胎生蚜近纺锤形，黄色或绿色，体长1.6~1.7mm，宽约0.95mm。头部、复眼、口器、腹管和尾片均为黑色，口器伸达中足基节窝，触角显著且比体短。腹管圆柱形，向末端渐细，尾片圆锥形，生有10根左右弯曲的毛，体两侧有明显的乳头状突起，尾板末端圆。有翅胎生雌蚜近纺锤形，体长1.5~1.7mm，翅展约4.5mm，头、胸、口器、腹管、尾片均为黑色，腹部绿色或黄绿色，复眼暗红色，伸达后足基节窝，触角丝状，6节，较体短，第三节有圆形次生感觉圈6~10个，第四节有2~4个，体两侧有黑斑，并具明显的乳头状突起。尾片圆锥形，末端稍圆，有毛9~13根。卵椭圆形，长径约0.5mm，初浅黄色，渐变黄褐色，孵化前漆黑色，有光泽。若蚜鲜黄色，无翅若蚜腹部较肥大，腹管短；有翅若蚜胸部发达，具芽，腹部正常（图9-9）。

图9-9　绣线菊蚜

（三）生活习性及发生规律

绣线菊蚜属于留守式蚜虫，全年留守在一种或几种近缘寄主上完成其生活周期，无固定转换寄主现象。在山东一年发生15~18代，以卵在枝条、芽缝或树干裂缝内越冬。第二年春季寄主萌动后越冬卵孵化为干母，4月下旬于芽、嫩梢顶端、新生叶的背面为害10d即发育成熟。为害前期因气温低，繁殖慢，多产生无翅孤雌胎生，5月下旬快速繁殖，虫口密度明显提高，开始出现有翅孤雌胎生蚜，并迁飞扩散；6月繁殖最快达到高峰，7月上旬以后，随着气温升高、雨季到来，同时春梢也停止生长并逐渐老化，田间蚜量急剧下降，7—9月田间蚜量尽管有所波动。9月下旬至10月上旬，田间蚜量有所增加,但以有翅成蚜为主。10月下旬至11月上旬陆续生雌、雄性蚜,进行交尾产卵越冬。

(四)防治措施

1. 农业防治

从果树落叶后到萌芽前,清除树体上的残附物和树体下的枯枝落叶,清除越冬卵。在生长季,可将绣线菊蚜为害严重的枝梢剪除,带出果园集中销毁处理。

2. 物理防治

绣线菊蚜对于颜色具有一定的趋性,果园中常常通过悬挂黄色和蓝色两种色板对绣线菊蚜进行防治。注意黄色粘虫板对无翅蚜作用较小,对捕食性天敌昆虫影响较大,因此,使用过程中应避免天敌高峰期,以防天敌种群数量减少。

3. 生物防治

在果园中释放大草岭、异色瓢虫、七星瓢虫和食蚜蝇都有较好地防治效果;果园种植二月兰、蛇床草、金盏菊等功能植物能够有效控制绣线菊蚜的种群数量;使用生物农药如0.3%苦参碱水剂和0.5%藜芦碱可溶液剂取得较好的防效。

4. 化学防治

使用化学农药仍为田间生产中绣线菊蚜的主要防治手段。在果树休眠期喷洒97%矿物油乳剂100~150倍液,对越冬卵有较好防治效果。在果树生长期,当虫口密度较大而天敌较少时,可喷施3%啶虫脒乳油1 500倍液和10%吡虫啉4 000倍液。

三、桃小食心虫

(一)分布与为害

桃小食心虫属鳞翅目蛀果蛾科,简称桃小,是我国北方果树生产中发生面积最大、为害最严重的食心虫类害虫。桃小食心虫寄主植物以蔷薇科、鼠李科和石榴科为主,包括苹果、梨、桃、山楂、杏、枣和石榴等。幼虫初入山楂果时,在蛀入孔处有很少量的黄褐色粉末状物,不久脱落。山楂果点较大,幼虫入果后,蛀果孔愈合后与果点很相似,难以辨认。随着幼虫虫龄增长,食量增加,幼虫在果肉内纵横潜食,排粪于其中,造成所谓的"豆沙馅",不能食用,直接影响果品产量和品质,带来严重经济损失(图9-10)。

图9-10　桃小食心虫蛀孔

(二)形态特征

雌成虫较大,体长7～8mm,翅展15～18mm;雄成虫较小,体长5～6mm,翅展13～15mm。全体灰白色或浅灰褐色。前翅灰白色,在前翅中央靠近前缘部分具有蓝黑色、近似三角形的大斑1个,基部和中部具有7簇黄褐色或蓝褐色的斜立鳞片。下唇须雄性短而往上翘,雌性长而直,向前伸出如剑状。卵深红色,椭圆形或桶形,孵化前期卵顶部可见幼虫黑色头壳。卵顶部环生2～3圈"Y"状刺突,卵壳表面具不规则多角形网状刻纹以底部黏附于果实上。幼龄幼虫淡黄色或白色,近老熟时体长13～16mm,全体桃红色。头部黄褐色,颊侧区有深色云状斑纹。前胸盾黄褐色至深褐色,颜色比头壳深。腹部颜色较浅,无臀栉,前胸气门前方毛片上具毛2根。腹足趾钩排成单序环,趾钩10～24个。臀足趾钩9～14个。蛹体长6.5～8.6mm,全体淡黄色至黄褐色。复眼火黄色或红褐色。足和触角端部游离，蛹壁光滑无刺。后足至少超过第五腹节后缘，并超出翅端较多。夏茧较大，纺锤形，质地疏松，一端留有羽化孔。冬茧较小，椭圆形，茧丝紧密。

（三）生活习性及发生规律

桃小食心虫在山楂园一年发生1代，在苹果、梨园和枣园一般一年发生1~2代，以老熟幼虫在果园树下土壤、堤堰、果树根颈部结茧越冬，越冬代幼虫5月中旬开始出土，出土盛期在6月。出土后主要在树冠荫蔽处、果树老根、杂草、土块等处做夏茧并化蛹，成虫羽化后常昼伏夜出，经2~3d产卵，雌虫一般在果实萼洼内产卵，每只雌虫的产卵期约为15d。卵经历7~10d孵化为幼虫，初孵幼虫蛀入果实内取食20~30d发育成老熟幼虫，随后脱离果实进入地表土内结夏茧化蛹。当生存环境适宜时，会发生第二代，果实内第二代幼虫蛀食为害至采收前脱果、落地作冬茧。

（四）防治措施

1. 农业防治

根据桃小食心虫越冬幼虫在土层内越冬的习性，每年秋末深翻树冠周围的土层，深度不少于25cm，以破坏越冬场所来消灭越冬幼虫及蛹。在幼虫为害期经常开展果园巡查，发现受害虫果及时摘除，并集中带出园区进行深埋，减轻第二代幼虫为害。

2. 物理防治

通过放置性诱芯进行诱杀；悬挂350nm单色光诱虫灯或糖醋液对桃小食心虫进行诱杀。

3. 生物防治

在桃小食心虫产卵高峰期释放章氏小甲腹茧蜂和松毛虫赤眼蜂等天敌，降低其发生量。利用球孢白僵菌和绿僵菌等高效环保的生物制剂防治桃小食心虫。

4. 化学防治

20%除虫脲悬浮剂1 500倍液、4%高氯·甲维盐微乳剂1 000倍液、1%苦参碱可溶性液剂1 000~2 000倍液、10%联苯·氟酰脲悬浮剂2 000~3 000倍液和200g/L氯虫苯甲酰胺悬浮剂3 000~4 000倍液均具有良好防治效果。

四、梨小食心虫

（一）分布与为害

梨小食心虫属鳞翅目小卷叶蛾科，又称东方蛀果蛾、桃折梢虫，简称梨小，在我国南北方各果区均有发生，可为害苹果、梨、桃、李、杏、樱桃、山楂、海棠、枣等多种果树，特别是与桃树混栽的果园发生为害较重。

幼虫既可蛀食为害果实，又可蛀食为害嫩梢。果实受害，初孵幼虫多从萼洼、梗洼处蛀入，早期被害果蛀孔外有虫粪排出，晚期被害果外多无虫粪；幼虫蛀果后直达果心，在果实内蛀食为害。嫩枝梢受害，幼虫多从上部叶柄基部蛀入，向下蛀食为害，至木质化处便转梢为害，蛀孔处流胶并有虫粪，被害嫩梢逐渐枯萎，俗称"折梢"，严重时许多枝梢受害枯萎。

（二）形态特征

成虫体长5~7mm，翅展11~14mm，体暗褐色或灰黑色，无光泽。下唇须灰褐色上翘，触角丝状。前翅灰黑色，无紫色光泽，前缘有10组白色短斜纹，中央近外缘1/3处有一明显白点，翅面散生灰白色鳞片，近外缘约有10个小黑斑。后翅浅茶褐色，两翅合拢，外缘合成钝角。腹部灰褐色。卵淡黄白色，半透明，扁椭圆形，直径0.5~0.8mm，表面有皱褶，孵化前变黑褐色。老龄幼虫体长10~13mm，淡红色至桃红色，头黄褐色，前胸盾浅黄褐色，臀板浅褐色，臀栉4~7齿，齿深褐色。蛹黄褐色，长7mm，腹末有8根钩状臀棘。

（三）生活习性及发生规律

在河北、辽宁地区一年发生3~4代，山东、河南、安徽、江苏、浙江发生4~5代，四川5~6代，各地均以老熟幼虫在果树粗翘皮缝、树下土缝、落叶杂草等隐蔽处做冬茧越冬，第二年平均温度10℃以上时开始化蛹。在辽宁果区，越冬代成虫4月下旬至6月下旬羽化，成虫白天潜伏，傍晚活动交尾产卵。6月以前发生的第一代和第二代幼虫，主要为害新梢；7月后发生的主要为害果实。不同地区各代发生早晚不同，后面几代世代重叠严重。一般夏季卵期3~5d，幼虫期20~25d，蛹期7d左右，成虫寿命7d左右，完成一代需30~40d。末代幼虫老熟后寻找隐蔽场所做茧越冬。

（四）防治措施

1. 农业防治

冬前翻挖树盘，将土壤中越冬幼虫翻在地表，让鸟雀啄食或被霜雪低温冻死，减少越冬虫源。发芽前刮除枝干粗皮、翘皮，清除园内枯枝落叶杂草，集中烧毁，消灭树皮缝内及落叶杂草下的越冬幼虫。5—6月及时剪除被害新梢，集中深埋或烧毁，消灭梢内幼虫。尽量实施果实套袋，阻止幼虫蛀害果实。

2. 物理防治

成虫对糖醋液有一定趋性，性引诱剂对雄成虫有强烈引诱作用，可用于测报和防控。在成虫发生期内，设置糖醋液诱捕器或性引诱剂诱捕器，诱杀成虫。糖醋液配方为：糖50g、酒50g、醋100g、水800g，每亩悬挂5~6点，注意补充糖醋液体及捞出诱集害虫。性引诱剂诱杀时，每亩悬挂2~3粒，30~45d更换1次诱芯。也可通过诱杀成虫进行测报，以确定喷药时间。当诱集到的成虫数量连续增加，且累计诱蛾量超过历年同期平均诱蛾量的16%时，表明已进入成虫发生初盛期；累计诱蛾量超过历年同期平均诱蛾量的50%时，表明已进入成虫发生盛期。越冬代成虫发生盛期后5~6d，即为产卵盛期，产卵盛期后4~5d即为卵孵化高峰期；1~3代成虫盛期后4~5d为产卵盛期，产卵盛期后3~4d为卵孵化高峰期。

3. 化学防治

根据虫情测报，在各代产卵盛期至孵化盛期及时喷药，5~7d喷1次，每代喷药1~2次，套袋果实套袋前需喷药1次。

五、山楂小食心虫

（一）分布与为害

山楂小食心虫属鳞翅目卷蛾科，目前只发现为害山楂，主要分布在东北、华北、西北等地。以幼虫为害花蕾与果实，造成落花、落果，对产量影响较大。果实受害，蛀孔周围果面略显凹陷，转色后呈淡黄绿色或变褐色；幼虫蛀果后喜在种子周围果肉处为害，将虫粪排于虫道内；果柄基部维管束组织被害后，果实容易脱落。

（二）形态特征

成虫体长6~7mm，翅展13~14mm，全体灰黑色，头部生有灰白色长毛，复眼黑色，触角丝状。前翅底白色至灰白色，整个翅面充满粉红色、紫赭色或黑褐色短横线，靠近顶角的横线更加明显。后翅暗褐色，缘毛白色，翅顶和外缘上方呈赭色，基部有一条锈色线。卵扁长圆形，表面有细微网状皱纹，初产时土黄色，后变鲜红色至深红色。幼虫黄白色，头部红褐色，前胸背板褐色。蛹长6mm，初为米黄色，渐变为褐色，羽化前为黑色，腹节侧面具刚毛。

（三）生活习性及发生规律

该虫在山东一年发生4~5代，以老熟幼虫在地面结茧越冬。第二年4月在条件适宜时，老熟幼虫在越冬茧内化蛹，成虫在5月中旬至6月中旬出现，将卵散产在山楂果面上。第一代幼虫蛀入幼果，将粪便堆积在幼果之间，后在果内化蛹。7月上旬至8月中旬第一代成虫出现。第二代幼虫从果实萼洼处蛀入，虫粪堆积在萼洼处。老熟幼虫在8月下旬至9月下旬脱果结茧越冬。为害山楂的是第三代至第五代，即从6月下旬开始至9月下旬，为害最重在8—9月。9月下旬开始脱果越冬。

（四）防治措施

1. 农业防治

加强果园管理，合理施肥、灌水，增强树势，提高树体抵抗力。科学修剪，疏花、疏叶，剪除病残枝及茂密枝。调节通风透光，雨季注意果园排水，保持适宜的温湿度。结合修剪，清理果园，将病残物集中深埋或烧毁，减少病源。保护和利用天敌。

2.化学防治

在产卵盛期（4月20日左右）喷布20%氰戊菊酯乳油4 000倍液，或20%甲氰菊酯乳油4 000倍液，或2.5%溴氰菊酯乳油4 000倍液，杀卵率、杀虫率效果明显。

六、桃蛀螟

（一）分布与为害

桃蛀螟属鳞翅目螟蛾科，又称桃蛀野螟、桃蛀斑螟，俗称桃蛀虫、蛀心虫，我国各地均有发生，可为害苹果、梨、山楂、桃、杏、李、石榴、葡萄等多种果实，以幼虫蛀食果实进行为害。幼虫孵化后，多从萼洼处或胴部蛀入果实，在果实内蛀食为害，蛀孔外堆积黄褐色透明胶质及虫粪，受害果实易腐烂、脱落。

（二）形态特征

成虫体长12mm，翅展22～25mm，全体黄色，体翅表面具有许多黑色斑点，似豹纹状。胸背有黑斑7个，腹背第一节、第三节至第六节各有3个横列，第二节、第八节无黑点，雄蛾第九节末端黑色；前翅散生黑点25～28个，后翅散生黑点15～16个。卵椭圆形，初产时乳白色，后变为红褐色，表面有网状斜纹。老熟幼虫体长约22mm，体背暗红色，头和前胸背板浅黄褐色，身体各节有粗大的褐色毛片。腹部各节背面有毛片4个，臀板深褐色，臀栉有4～6刺。蛹黄褐色，腹部5～7节前缘各有1列小刺，腹末有细长的曲沟刺6个。

（三）生活习性及发生规律

一年发生2～5代，华北地区多发生2～3代，长江流域发生4～5代，均以老熟幼虫结茧越冬。多在果树翘皮裂缝中、果园的土石块缝内、梯田壁缝隙中、堆果场等处越冬。第二年早春开始化蛹、羽化，但很不整齐。成虫昼伏夜出，傍晚开始活动，对黑光灯和糖醋液趋性强。华北地区第一代幼虫发生在6月初至7月中旬，第二代幼虫发生在7月初至9月上旬，第三代幼虫发生在8月中旬至9月下旬。多从第二代幼虫开始为害苹果、梨及山楂果实，卵多产在枝叶茂密处的果实上或两个果实相互紧靠的部位,以果实的胴部着卵最多,卵散产。幼虫有转果为害习性,孵化后先在果梗、果蒂基部吐丝蛀食,而后蛀入果实内部取食为害。卵期6~8d,幼虫期15~20d,蛹期7~10d,完成一代约需30d。9月中下旬后,老熟幼虫陆续转移至越冬场所越冬。

(四)防治措施

1. 农业防治

果树发芽前,刮除枝干粗皮、翘皮,清除园内枯枝落叶、杂草及玉米、高粱、向日葵等寄主植物的残体,集中烧毁,减少越冬虫源。生长期及时摘除虫果、捡拾落果,集中深埋,消灭果内幼虫。尽量实施果实套袋,阻止害虫产卵及蛀食为害。

2. 物理防治

利用成虫对黑光灯、糖醋液及性引诱剂的趋性,在成虫发生期内于果园中设置黑光灯、频振式诱虫灯、糖醋液诱捕器或性引诱剂诱捕器,诱杀成虫,并进行虫情测报,以确定喷药时间。

3. 化学防治

在各代成虫产卵高峰期及时喷药,5~7d喷1次,每代喷药1~2次,套袋果园需在套袋前喷药1次。常用药剂有50g/L高效氯氟氰菊酯乳油3 000~4 000倍液、4.5%高效氯氰菊酯乳油1 500~2 000倍液、20%甲氰菊酯乳油1 500~2 000倍液、20%氰戊菊酯乳油1 500~2 000倍液等。

七、橘小实蝇

(一)分布与为害

橘小实蝇属双翅目实蝇科果实蝇属,又名柑橘小实蝇、东方果实蝇、果蛆。该虫寄主范围广,食性复杂、繁殖力高、为害大。主要为害柑橘、香蕉、芒果、荔枝、龙眼、苹果、梨、柿、桃、李、石榴、山楂等46科300多种园艺作物。成虫产卵于果实中,幼虫取食果实,使之腐烂落果,世界许多国家和地区把它列为重要的检疫性害虫。橘小实蝇在我国是一种毁灭性果蔬害虫,特别是在南方局部地区暴发成灾,部分果蔬几乎绝收。

（二）形态特征

成虫体长6~8mm，翅长5~7mm。头黄褐色。中颜板下部具1对圆形黑色斑点。复眼边缘黄色触角细长，3节，第三节为第二节长的2倍。头额鬃3对，后头鬃每侧4~8根成列。胸部黑色，胸鬃有肩板鬃2对，背侧鬃2对。翅透明、脉黄色，翅前缘带褐色，伸至翅尖、较狭窄。足为黄色。腹部卵圆形，棕黄色至锈褐色。雌虫产卵管基节棕黄色，其长度略短于第五背板，端部略圆，针突长1.4~1.6mm，末端尖锐。雄虫第三背板具栉毛，雄虫阳茎细长，弧形。卵梭形，长约1mm，宽约0.1mm，乳白色，表面光亮。精孔一端稍尖，尾端较钝圆。老熟幼虫体长10~11mm，黄白色，蛆状，前端小而尖，后端宽圆，口钩黑色。前气门呈小环，有10~13个指突；后气门板1对，新月形，其上有3个圆形裂孔。蛹椭圆形，长4.4~5.5mm，宽1.8~2.2mm。初化蛹时浅黄色，后变至红褐色（图9-11）。

图9-11　橘小实蝇

（三）生活习性及发生规律

幼虫孵化后便潜入果实取食为害，常群集，在果实中取食汁液，使果实干瘪收缩造成果内空虚，常常未熟先黄而脱落。幼虫分3龄，3龄期食量最大，为害最烈，虫较活跃，但一般不会从一个寄主果实转移到另一个寄主果实。1~2龄幼虫不会弹跳，3龄老熟幼虫会从果中弹跳到土表，寻找适当地点化蛹，跳跃距离可达15~25cm，并可连续跳多次。幼虫老熟脱离受害果实，弹跳或爬行到潮湿疏松的土表下2~8cm，钻入泥土中或土石块、枯枝落叶隙中化蛹，多在土层下1~5cm深处化蛹，经1~2d预蛹后化蛹。土壤的含水量影响化蛹深度和蛹的存活率，含水量较高时幼虫入土快，预蛹期短。沙质土壤透气性能较好有利于越冬蛹的生长发育，提高蛹的成活率；黏性土壤，通透性差，过干或过湿都会降低越冬蛹的成活率。

（四）防治措施

1. 农业防治

冬季清园，及时清除落果。在当年果实采收后，结合冬季清园，翻耕园土1次，以杀死部分在土中越冬的蛹。在受害果园里，果期应及时清除虫果和落果，并集中用深埋或焚烧等方法杀死虫果内的橘小实蝇幼虫。

2. 物理防治

利用橘小实蝇的趋化性诱杀成虫是橘小实蝇防治的重要方法。应用最为广泛的是甲基丁香酚类和异丁香酚；诱杀食蝇推荐红糖∶醋∶酒∶水＝5∶1∶1∶100。

3. 生物防治

橘小实蝇的天敌主要有寄生性天敌中的阿里山潜蝇茧蜂和反颚茧蜂类。此外，还有一些捕食性天敌，主要有蚂蚁、螳螂、隐翅虫等。联合使用球孢白僵菌和苏云金芽孢杆菌Bt也有较好的控制作用。

4. 化学防治

有效化学药剂主要是有机磷类和拟除虫菊酯类，也可使用氨基甲酸酯和特异性杀虫剂。例如，0.5%甲维盐乳油1 000倍液，或1.8%阿维菌素3 000倍液，或10%吡虫啉可湿性粉剂1 000倍液喷雾防治。

八、苹毛丽金龟

（一）分布与为害

苹毛丽金龟俗称铜克郎，属鞘翅目丽金龟科，在我国河南、河北、山东、北京、辽宁、吉林等地均有分布。苹毛丽金龟为害苹果、梨、山楂、桃、杏等果树。地下以幼虫取食果树根的韧皮部，造成水分和营养成分无法正常运输，影响果树生长；地上以成虫取食花和嫩芽进行为害，造成花期大量落花、枝条抽干甚至不能二次萌芽，严重时造成枝条抽干枯死。

（二）形态特征

成虫卵圆形，体长9~10mm，宽5~6mm，虫体除鞘翅和小盾片光滑无毛外，其余皆密被黄白色细绒毛。雄虫绒毛长而密。头、胸背面黄铜色，有光泽。鞘翅上有纵列成行的细小点。腹部两侧有明显的黄白色毛丛，腹部末端露在鞘翅外。卵椭圆形，长约1mm，乳白色，表面光滑。老熟幼虫体长15~20mm。头部黄褐色，前顶有刚毛7~8根，后顶有刚毛10~11根，各排成1纵列。唇基片呈梯形。胸、腹部乳白色，胸部及腹部各节皆有横皱纹。胸足细长，5节，无腹足，无臀板。蛹长10mm左右，为裸蛹，初期白色，后渐变为淡褐色，羽化前变为深红褐色。

（三）生活习性及发生规律

苹毛丽金龟一年发生1代，以成虫在土壤中越冬。在辽宁和山东果树产区，越冬成虫于4月上中旬出土，4月下旬至5月中旬为出土盛期，5月下旬出土基本结束。成虫的出土和取食活动受湿度和风的影响较大，一般平均气温在10℃时，成虫开始出土，白天上树为害，夜间下树入土潜伏；随着气温升高，15~18℃时，白天和夜间都停留在树上，喜欢取食花、嫩叶，常成群集中为害。成虫于5月中下旬开始入土产卵，每头雌虫平均产卵20粒，卵期17~30d。幼虫为害植物根系，经60~70d陆续老熟，于7月下旬开始做蛹室化蛹，8月中下旬为化蛹盛期，蛹经15~20d羽化为成虫在蛹室里越冬。

（四）防治措施

1. 农业防治

地膜覆盖树盘周围，阻止越冬成虫出土；树干扎把，引诱成虫集中烧毁；在成虫发生期，利用其假死性，在清晨或傍晚摇树震落人工捕杀。

2. 物理防治

4月上旬安装频振式杀虫灯；诱捕器是配合引诱剂发挥诱集作用的重要工具，研究发现船形和挡板诱捕器，均对苹毛丽金龟有很好的诱集效果，而且粉红色诱捕器对苹毛丽金龟日均诱集量最大。引诱剂丁香酚和顺-3-己烯-1-醇体积比3∶1对苹毛丽金龟诱集效果最好。

3. 生物防治

苏云金杆菌1 000倍液、球孢白僵菌1 500倍液防治效果较好。

4. 化学防治

（1）地下防治。萌芽前，树冠下撒施5%辛硫磷颗粒剂3kg/亩；或喷洒40%毒死蜱乳油600～800倍液，然后耙松表土，与药剂混合。

（2）地上防治。在果树现蕾至花含苞未放时的成虫发生盛期，树上喷施1%苦皮藤素1 000倍液、2.5%溴氰菊酯乳油2 500～5 000倍液、10%氯氰菊酯乳油1 000～1 500倍液或50%辛硫磷乳油1 000～1 200倍液，均能取得很好的防治效果。

九、山楂星毛虫

（一）分布与为害

山楂星毛虫又名山楂斑蛾，俗名包饺子虫，属鳞翅目斑蛾科，各山楂产区均有发生。此虫主要为害山楂、苹果、槟子、沙果、海棠和山荆子等。以幼虫取食芽、花蕾和嫩叶。花谢后，幼虫吐丝将新叶缀连成饺子状，使受害树叶凋落。

（二）生活习性及发生规律

成虫体长9～13mm，翅展22～30mm，黑色。复眼黑色。有触角，雌虫为锯齿状。翅半透明，翅脉清楚可见，上有许多斑毛。卵椭圆形，长0.6～0.7mm，黄白色，近孵化时紫褐色，数十粒至百余粒密集成块。初孵幼虫及越冬幼虫体长2mm，淡紫褐色。老熟幼虫体长20mm，黄白色至白色，纺锤形，体短而粗。头小，黑色，可缩在前胸中。前胸背板上有褐色斑和横线。每节两侧各有一排黑色的斑点。蛹体长12mm，初为黄白色，近羽化时变黑，裹于长纺锤形的白色薄茧中。

该虫一年发生2代，以2龄幼虫在树皮裂缝中做茧越冬。第二年4月上旬，花芽膨大至开绽期，越冬幼虫出蛰，啃食幼芽、花朵及嫩叶。展叶后，移至叶片上为害，一头幼虫一般能为害5~6片叶，将叶片用丝包合成饺子形，在其中取食叶肉。5月下旬至6月上旬后幼虫老熟，于包叶内做茧化蛹，蛹期10d左右。6月中下旬，成虫大量出现，成虫飞翔力弱，白天静栖在叶背或树干上，易被震落。傍晚活动，交尾产卵。卵多产在叶背。卵期7~8d。6月下旬为幼虫孵化盛期。幼虫取食10d以后，陆续潜藏越冬。

（三）防治措施

1. 农业防治

在早春山楂树发芽前，刮除老树皮，集中烧毁。幼虫包叶时，人工摘除虫叶。在成虫发生期，在清晨将其震落，予以捕杀。

2. 化学防治

越冬幼虫出蛰期喷施90%的晶体敌百虫1 000倍液、50%敌敌畏1 000倍液、2.5%溴氰菊酯乳油2 000倍液、50%辛硫磷乳油1 000倍液或20%杀灭菊酯乳油3 000倍液。

十、天幕毛虫

（一）分布与为害

天幕毛虫，属鳞翅目枯叶蛾科。各山楂产区均有发生，以幼虫为害叶片，严重时可将叶片吃光。

（二）生活习性及发生规律

卵为圆筒形，灰白色，直径约0.8mm，高1.3mm，常200~400粒卵粘在一起，围绕枝条构成一个顶针形的卵块。幼虫初孵化时通体黑色。老熟幼虫体长50~55mm。头部蓝灰色，散布黑点，并有许多淡褐色的长毛，头两侧各有两条橙黄色纵纹。气门上线黄白色，纵纹间蓝色。幼虫的腹面暗灰色。蛹黄褐色，长17~20mm，有淡褐色短毛。雌蛹明显大于雄蛹。在黄白色的丝茧中化蛹。丝茧上有许多黄粉。雌成虫体长18~24mm，翅展29~40mm，通体黄褐色。雄成虫体长16mm，翅展24~32mm，通体黄白色。

该虫一年发生1代，以完成胚胎发育的幼虫在卵壳中越冬。第二年山楂芽开绽时，幼虫从卵里爬出为害。初期在卵块附近群集为害，以后逐渐下移至枝杈处，晚间取食。5月中下旬，老熟幼虫开始在卷叶里、两叶之间或树下杂草中吐丝结茧化蛹，蛹期10~12d。5月末至6月中旬，成虫羽化。成虫交尾后产卵于当年生枝上，每头雌虫产一个卵块。当年胚胎发育成熟后，幼虫不爬出卵壳，而在其中休眠越冬。卵常被一种黑卵蜂寄生，寄生率可达60%以上。

（三）防治措施

1. 农业防治

结合疏枝，秋冬季节剪除有卵块的枝条。幼虫期可剪除丝茧，歼灭幼虫。

2. 物理防治

成虫有趋光性，可在果园里放置黑光灯或高压汞灯防治。

3. 化学防治

常用药剂为80%敌敌畏乳油1 500倍液、52.25%农地乐乳油2 000倍液、90%敌百虫晶体1 000倍液、50%辛硫磷乳油1 000倍液、50%杀螟松乳油1 000倍或50%马拉硫磷乳油1 000倍液。

十一、山楂绢粉蝶

（一）分布与为害

山楂绢粉蝶属鳞翅目粉蝶科，在我国北方果区普遍发生，可为害山楂、苹果、梨、杏、李、樱桃等多种果树，以幼虫主要为害芽、花蕾及叶片。2~3龄幼虫群集吐丝结网做巢为害，将叶片啃食成筛网状；4龄后食量增加，离巢分散为害，将叶片食成缺刻状或吃光。严重时，使树体因芽、叶被害而影响结果。

（二）形态特征

成虫体长22～25mm，翅展63～75mm，体黑色，头、胸及足被淡黄白色至灰白色鳞毛；触角棒状，端部淡黄色；翅白色，翅脉黑色，前翅外缘除臀脉外各脉末端均有烟黑色的三角形斑纹。卵粒圆柱形，顶端稍尖，高1.0～1.6mm，卵壳有纵脊12～14条，数十粒紧密排列成块状，初产时金黄色或乳黄色，渐变为灰黄色。初龄幼虫灰褐色，头部、前胸背板及臀部黑色。老熟幼虫体长39～43mm，体背有3条黑色纵带，体上有稀疏淡黄色长毛，全身有许多小黑点。蛹长约25mm，分黑型和黄型两种色型，均以丝将蛹体缚于小枝上，形成缢蛹。

（三）生活习性及发生规律

一年发生1代，以2～3龄幼虫在树冠一二年生枝条上吐丝缀叶做成的虫巢内越冬。第二年4月中下旬越冬幼虫陆续出巢活动，先群集取食花芽、叶芽，随后取食花蕾、叶片及花瓣。幼虫白天为害，夜间、阴雨和刮风等低温天气躲入巢中。4龄后幼虫食量大增，离巢分散活动。5月上旬5龄幼虫开始化蛹，5月中旬为化蛹盛期，蛹期15～23d。5月下旬始见成虫，6月中旬为成虫羽化盛期。成虫中午活动最盛，羽化后不久即交尾产卵，单雌产卵量190～510粒，卵成块状产于嫩叶上，每块38～56粒。卵期11～18d。6月下旬出现第一代幼虫，初孵幼虫群集啃食叶片，仅残留表皮，食尽一叶后群体转叶为害。转移为害10余张叶片后，3龄幼虫于7月下旬开始营巢越冬。

（四）防治措施

1. 农业防治

落叶后至发芽前，结合修剪，彻底剪除越冬虫巢，集中销毁，杀灭越冬幼虫。

2. 化学防治

春季越冬幼虫出蛰为害期和第一代幼虫发生为害初期是喷药防控的关键期，每期喷药1次即可。常用药剂有25%灭幼脲悬浮剂1 500～2 000倍液、35%氯虫苯甲酰胺水分散粒剂8 000～10 000倍液、4.5%高效氯氰菊酯乳油

1 500~2 000倍液等。

十二、山楂萤叶甲

（一）分布与为害

山楂萤叶甲属鞘翅目叶甲科，俗称黄皮牛，是山楂上的一种重要的蛀果类害虫，以幼虫蛀食幼果，造成幼果脱落，严重影响产量；成虫食芽、叶、花蕾。

（二）生活习性及发生规律

一年发生1代，以成虫在树冠下土壤中越冬；一般4月上旬开始出土，盛期在4月中旬；5月上中旬为产卵盛期，5月下旬为孵化盛期，6月中下旬为幼虫为害盛期。

（三）防治措施

1. 农业防治

秋季深翻树盘，破坏成虫越冬场所，消灭部分成虫。幼虫为害期及时清理落果，集中销毁。

2. 化学防治

（1）树下喷药防治。越冬成虫出土前，将树冠下地表的枯枝落叶、杂草等清理干净，成虫开始出土即施药（4月上旬），可用25%辛硫磷胶囊剂或40.7%毒死蜱乳油，每亩用药0.8~1kg，兑水750~1 250倍稀释。

（2）树上喷药防治。依据虫情需要树上喷药时，可在开花前和落花后进行，选用20%甲氰菊酯乳油3 000倍液、10%高效氯氰菊酯乳油1 000~1 500倍液，对成虫、初孵幼虫效果良好，有一定的杀卵作用。

十三、顶梢卷叶蛾

（一）分布与为害

顶梢卷叶蛾属鳞翅目小卷蛾科，又称顶芽卷叶蛾、芽白小卷蛾，在我国许多果区均有发生，可为害苹果、梨、山楂、桃、海棠等果树。以幼虫为害嫩梢，仅为害枝梢的顶芽。幼虫吐丝将顶梢数片嫩叶缠缀成虫苞，并啃下叶背茸毛做成筒巢，潜藏苞内，仅在取食时身体露出巢外。为害后期顶梢卷叶团干枯，不脱落，易于识别。幼树受害较重，有的果园幼树被害梢常达80%以上，严重影响幼树的生长发育和苗木繁育。

（二）形态特征

成虫体长6～8mm，全体银灰褐色。前翅前缘有数组褐色短纹，基部1/3处和中部各有一暗褐色弓形横带，后缘近臀角处有一近似三角形褐色斑，此斑在两翅合拢时并成一菱形斑纹；近外缘处从前缘至臀角间有8条黑色平行短纹。卵扁椭圆形，长径0.7mm，乳白色至淡黄色，半透明，卵粒散产。老熟幼虫体长8～10mm，体污白色，头部、前胸背板和胸足均为黑色，无臀栉。蛹体长5～8mm，黄褐色，尾端有8根细长的钩状毛。茧黄白色绒毛状，椭圆形。

（三）生活习性及发生规律

在我国北方果区一年发生2～3代，以2～3龄幼虫在枝梢顶端卷叶团中越冬。第二年春天果树花芽展开时，越冬幼虫开始出蛰，出蛰早的主要为害顶芽，晚的向下为害侧芽。幼虫老熟后在卷叶团内做茧化蛹。在一年发生3代地区，各代成虫发生期分别为越冬代在5月中旬至6月末；第一代在6月下旬至7月下旬；第二代在7月下旬至8月末。每雌蛾产卵约150粒，多产在当年生枝条中部叶片的背面多茸毛处。第一代幼虫主要为害春梢，第二代至第三代幼虫主要为害秋梢，10月上旬以后幼虫越冬。

（四）防治措施

1. 农业防治

首先在发芽前，尽量刮除枝干上的粗皮、翘皮及剪锯口处的老翘皮，并将刮下组织集中销毁，消灭越冬幼虫。其次在果树生长期，结合其他农事活动，发现被害虫苞后及时捏死卷叶中的幼虫，减轻田间为害。

2. 物理防治

利用成虫的趋光性和趋化性，在成虫发生期内于果园中设置黑光灯、频振式诱虫灯或糖醋液诱捕器，诱杀成虫。有条件的果园也可设置性引诱剂诱捕器，捕杀雄成虫。

3. 化学防治

越冬幼虫出蛰期和各代幼虫孵化期是树上喷药防控的关键期。一般果园落花后立即喷药防控出蛰幼虫；上年顶梢卷叶蛾为害严重果园，花序分离期喷施第一次药剂，以后各代幼虫孵化期各喷药1~2次。药剂有25%灭幼脲悬浮剂1 500~2 000倍液、25%除虫脲悬浮剂1 500~2 000倍液、35%氯虫苯甲酰胺水分散粒剂8 000~10 000倍液、1.8%阿维菌素乳油2 000~2 500倍液、4.5%高效氯氰菊酯乳油1 500~2 000倍液等。

十四、美国白蛾

（一）分布与为害

美国白蛾属鳞翅目灯蛾科，又称美国灯蛾、秋幕毛虫、秋幕蛾，是一种检疫性害虫，目前发生在我国吉林、辽宁、河北、山东、北京、天津、山西、陕西、河南等地，可为害苹果、梨、山楂、桃、李、杏、樱桃、核桃、枣、柿等多种果树及杨、柳、榆、槐等林木，主要以幼虫啃食或蚕食叶片进行为害，幼龄幼虫群集结网幕为害是其主要特征。发生初期，低龄幼虫群集在枝叶上吐丝结成网幕，在网幕内啃食叶肉，残留叶脉及表皮，使受害叶片呈枯黄色网纹状，后期变褐、干枯；虫龄稍大后，将叶片食成缺刻或孔洞状；大龄后逐渐分散为害，将叶片全部吃光。每株树上多达几百头甚至上千头幼虫为害，将局部叶片吃光，甚至将整树叶片蚕食干净，严重影响树体生长及产量。当整株树叶片被吃光后，大龄幼虫还可转树为害。

（二）形态特征

成虫体长13~15mm，全体白色，胸部背面密布白色绒毛，多数个体腹部白色，无斑点，少数个体腹部黄色，上有黑点。雌蛾触角褐色，锯齿状，翅展33~44mm，前翅纯白色；雄蛾触角黑色，栉齿状，翅展23~34mm，前翅散生黑褐色小斑点。卵圆球形，直径约0.5mm，初产时浅黄绿色或浅绿色，孵化前变灰褐色；卵聚产，数百粒连片单层平铺排列在叶片表面，覆盖白色鳞毛。低龄幼虫色淡，多呈黄白色。老熟幼虫色深，体黄绿色至灰黑色，头黑色，体长28～35mm，背线、气门上线、气门下线浅黄色，背部毛瘤黑色，体侧毛瘤多为橙黄色，毛瘤上着生白色长毛丛。蛹体长8～15mm，暗红褐色，雄蛹瘦小，雌蛹较肥大，臀刺8～17根，蛹外被有黄褐色丝质薄茧，茧丝上混杂有幼虫体毛。

（三）防治措施

1. 农业防治

（1）加强检疫防控。凡是从白蛾疫区调出的苗木、木材、鲜果、包装材料和交通工具等都必须实行严格检疫，严防美国白蛾从疫区向保护区扩散。

（2）人工防控。利用低龄幼虫群集结网幕为害易于识别的特性，及时人工剪除网幕，集中销毁，杀灭幼虫。幼虫老熟后，在树干上捆绑草把，诱集老熟幼虫化蛹，然后解下集中烧毁。

2. 生物防治

寄生性天敌周氏啮小蜂对美国白蛾的寄生率可达83.2%。另外，也可喷施生物农药Bt乳剂或棉铃虫核型多角体病毒进行防控。

3. 化学防治

在低龄幼虫期及时喷药防控，每代喷药1次即可，并注意防控果园周围其他树木上的美国白蛾幼虫。药剂有2%苦参碱水剂1 500～2 000倍液、25%灭幼脲悬浮剂1 500～2 000倍液、40%除虫脲悬浮剂3 000～4 000倍液、35%氯虫苯甲酰胺水分散粒剂8 000～10 000倍液、2%阿维菌素乳油3 000～3 500倍液、4.5%高效氯氰菊酯乳油1 500～2 000倍液等。

十五、绿盲蝽

（一）分布与为害

绿盲蝽属半翅目盲蝽科，在我国除海南、西藏外各地均有发生，为害寄主植物种类繁多，可为害苹果、梨、山楂、葡萄、枣、桃、樱桃、核桃、板栗等果树，以成虫和若虫刺吸幼嫩组织（新梢、嫩叶、幼果等）汁液进行为害。新梢被害，初期在嫩叶上造成许多褐色坏死斑点，随着叶片生长，斑点逐渐形成孔洞，孔洞边缘不整齐、支离破碎，严重时叶片扭曲、皱缩、畸形。伸展叶片受害，叶面形成灰白色褪绿斑点，斑点中间有明显的刺吸伤口，严重时叶面布满灰白色斑点。幼果受害，初期在果面上产生水渍状或淡褐色的坏死斑点，随果实膨大，刺吸点处逐渐凹陷，形成直径0.5～2mm的木栓化凹陷斑；严重时（刺吸为害斑点多）果实畸形，品质显著降低。

（二）形态特征

成虫长卵圆形，全体绿色，头宽短，复眼黑褐色、突出；前胸背板深绿色，密布刻点；小盾片三角形，微突，黄绿色，具浅横皱；前翅革片为绿色，革片端部与楔片相接处呈灰褐色，楔片绿色，膜区暗褐色。卵黄绿色，长口袋形，长1mm左右，卵盖黄白色，中央凹陷，两端稍微突起。若虫共5龄，体型与成虫相似，全体鲜绿色，3龄开始出现明显的翅芽。

（三）生活习性及发生规律

在华北果区一年发生3～5代，以卵在杂草、树皮裂缝、芽鳞内及浅层土壤中越冬。第二年3—4月平均气温高于10℃或连续5d均温达11℃、相对湿度高于70%时，卵开始孵化，果树发芽后上树为害。绿盲蝽白天潜伏，清晨和夜晚上树刺吸取食。第一代为害盛期在5月上中旬，第二代为害盛期在6月中旬左右；第三代至第五代发生时期分别在7月中旬左右、8月中旬左右、9月中旬左右，第三代至第五代主要在其他寄主植物上为害。成虫寿命长，羽化后6～7d开始产卵，产卵期30～40d，发生期不整齐，有明显世代重叠。果树上以第一代至第二代为害较重，主要发生在展叶期至幼果期，第三代至第五代为害较轻。秋季，部分末代成虫陆续迁回果园，产卵越冬。

（四）防治措施

1. 农业防治

发芽前彻底清除果园内的枯枝落叶及杂草，集中烧毁或深埋，破坏害虫越冬场所，减少越冬虫源。同时，在树干上涂抹粘虫胶环，阻杀爬行上树的绿盲蝽若虫。

2.化学防治

重点防控绿盲蝽为害幼嫩组织。山楂抽枝展叶期和花序分离期需各喷药1次，严重时落花后再喷药1次。药剂有5%阿维菌素乳油5 000~6 000倍液、4.5%高效氯氰菊酯乳油1 500~2 000倍液、10%联苯菊酯乳油1 500~2 000倍液、5%啶虫脒乳油2 000~2 500倍液等。由于绿盲蝽多在清晨或傍晚上树为害，喷药最好在早晚进行，并注意喷洒地面杂草及行间作物。

十六、山楂木蠹蛾

（一）分布与为害

山楂木蠹蛾属鳞翅目木蠹蛾科，也叫小线角木蠹蛾、小木蠹蛾、小褐木蠹蛾。国内大部分地区有分布，可为害山楂、苹果、山定子、旱柳、垂柳、杨、槐、白蜡、丁香、银杏等果树及多种林木。此虫偏嗜山楂、白蜡、丁香。幼虫钻蛀枝干，在韧皮部和近木质部处蛀食，3龄以后逐渐向木质部深层为害。幼虫钻蛀的隧道不规则，纵横交错，钻蛀时排出虫粪和大量木屑，一部分以丝缀缠在蛀孔处，大部分堆积在蛀孔下面的地面上，被害树势逐年衰弱，经2~3年即可导致大枝甚至整株树的死亡，严重时导致山楂园整园毁失。

（二）形态特征

成虫体长16~28mm，翅展35~58mm，暗灰色至灰褐色。前翅基部色深，密布不很明显的黑色波状横纹，亚缘线黑色，较明显，近前缘分叉呈"Y"形。卵呈卵圆形，长约1.2mm，暗褐色或土黄色，表面具纵脊，脊间有横刻纹。幼虫圆筒形，体长25~40mm，头红褐色。前胸盾深褐色，中间色浅。胸、腹部背面浅红色，体背每节前半部有1条深红色宽横纹，后半部有浅红色窄横纹；腹面黄白色。蛹体长16~34mm，褐色，腹部背面有刺突。

（三）生活习性及发生规律

在北方2~3年发生1代，以不同龄期的幼虫在枝干蛀道内越冬。老熟幼虫5月下旬在蛀道内化蛹。成虫发生在6月中旬至7月下旬，成虫白天隐伏不动，夜晚活跃飞翔，交尾；成虫产卵于早晨，在树皮裂缝、树枝分杈及剪锯口伤疤处，每处数粒。1~2龄幼虫在韧部和木质部外层为害，3龄后逐渐蛀入木质部深层，木质部被蛀成许多不规则隧道。4月初至9月末从蛀孔排出大量黄褐色粪便和木屑。10月幼虫越冬。

（四）防治措施

1. 农业防治

及时清理被害严重即将枯死的树干或大枝并集中烧毁，减少虫源。

2. 物理防治

利用专用的引诱剂（配合使用诱捕器）诱杀山楂木蠹蛾。根据成虫的趋光性，设置黑光灯和频振式杀虫灯诱杀成虫。

3. 生物防治

自然界中有不同种类的木蠹蛾天敌，如寄生性天敌（寄蝇类、肿腿蜂、黑卵蜂、蒲螨、线虫等）；捕食性天敌（赤胸步甲、螳螂、啄木鸟等），可间作蒲公英等蜜源植物，吸引天敌栖息。山楂木蠹蛾幼虫初孵期，可用棉球浸白僵菌液塞蛀孔并用黄泥封门。

4. 化学防治

将磷化铝药片塞入清除虫粪的虫道内，每个蛀孔塞1/4片，然后用黄泥将蛀孔封闭，可利用药剂的熏蒸作用将幼虫杀死。成虫出蛾期喷2.5%溴菊酯乳油2 000倍液、25%灭幼脲悬浮剂1 000倍液，喷雾防治杀卵及成虫。

第三节　生理性病害

一、日灼病

日灼病是我国北方山楂幼果期常见的一种生理性病害，轻者导致果实商品价值降低，重者可致大量落果而严重减产，个别年份一些发生严重的园区，果实受害率高达80%以上。

（一）发病症状

山楂日灼病于5月中旬至6月下旬均可发生，以6月上旬幼果第一次膨大期发病最重。此时迅速膨大的山楂幼果表皮组织对水分供应和温度异常敏感，一旦遇到高温干旱天气，幼果经中午2~3h的烈日暴晒，向阳面果皮温度迅速升高，表皮组织即因过度失水而丧失正常生理机能，随即产生近圆形或不规则形的黄白色病斑，病斑仅限于果实表层，内部果肉不变色。轻者灼伤面小、伤层浅，随内层新生组织的生成，至果实成熟前病斑边缘翘起、干裂脱落，致使果实畸形，品质变劣，且贮藏期间易腐烂；重者灼伤面大、伤层深，一旦影响到维管束，日灼后2~3d，果柄开始变黄以致幼果萎蔫脱落，造成严重减产（图9-12）。

图9-12　山楂日灼病发病症状

（二）发病因素

1.气候因子

山楂幼果期气温的高低和空气相对湿度的大小是决定日灼病发生轻重的重要因素，一般高温干旱天气出现越早，发病程度越重。当气温高于30℃、空气相对湿度低于70%时，即有发病的可能，且随着气温的升高和空气相对湿度的降低，日灼病发生率明显提高；当气温超过35℃时，幼果表面出现大面积灼伤，灼伤面甚至超过1/2。

2. 土壤质地与土壤含水量

山楂日灼病的发生程度与土壤质地与土壤含水量密切相关，质地较差的土壤发病重，质地良好发病轻。据调查，在品种、树龄、管理水平相同的条件下，不同土壤质地山楂日灼病的发生程度为沙土>黏土>壤土；在土壤质地相同的条件下，土壤含水量高的园区日灼病发生程度显著降低。

3. 品种与树势

不同品种对山楂日灼病的抗性差异较大。势强叶壮，发病轻；势弱叶小、果实外露，发病则重。据调查，小果型品种抗性高于大果型品种；甜红子、金如意等品种抗性较强，大金星、大绵球、大五棱等品种抗性较差。

4. 树形与结果部位

不同树形日灼病的发生程度不同，纺锤形、疏散分层形的发病程度显著低于开心形。同一株树不同结果部位的果实发病轻重不同，果实位于阳光照射强度大的方向如南部及西南方向发病较重，东南方向次之，其他方向发病较轻；内膛果实发病程度轻于树冠外围果实。

5. 花期喷施赤霉素

日灼病的发生程度还与花期喷施赤霉素的浓度和次数相关。赤霉素浓度在30mg/L以下时，关系不明显；当浓度大于40mg/L时，日灼病随浓度的增加而上升，且喷施次数越多，发病越重（邵泽龙等，2022）。

（三）防治措施

1. 适时灌水或喷水降温

5月下旬高温天气来临前，有水浇条件的果园结合追施幼果膨大肥及时灌水，以降低果园地表辐射温度，调节果园小气候，提高土壤含水量。浇水以小水勤浇为宜，切忌大水漫灌，建议采取喷灌、滴灌、微灌、水肥一体化等多种方式。灌水后及时中耕松土，深度一般5cm左右，可减少下层土壤水分蒸发，增强根系活力，保持树体水分供应均衡。

在可能发生日灼的高温天气，于12时之前对果面和叶面喷洒0.2%~0.3%磷酸二氢钾溶液、100~200倍石灰水或清水，着重喷向阳面，即南部和西南方向的树叶和果实,降低果面和叶面温度,预防或减轻日灼病的发生。有条件的果园,可以使用遮阳棚或遮阳网,也可以有效预防山楂日灼病。

2.选择抗日灼品种和适宜树形

选择甜红子等抗日灼的优良品种,特别是质地较差的沙土、黏土果园和山地果园尤应注意。采用纺锤形、主干疏层形等树形,合理修剪,建立良好的树体结构,使叶片分布合理,在高温时节遮盖果实,防止烈日暴晒。待高温过后再将不合理的副梢疏除,对过长、过旺的预备枝短截,促其花芽分化,第二年转变为结果枝。

3.果园生草或覆盖

山楂园行间可人工生草,如毛叶苕子、三叶草、紫花苜蓿等,或者自然生草,以调节果园小气候,降低地温,增强土壤透气性。无水浇条件的果园,可利用作物秸秆、杂草、菌渣等进行树盘覆盖,覆盖厚度一般15~20cm,可以降低地温,减少土壤水分蒸发,有效防止日灼。山地果园,可进行地膜覆盖或穴贮肥水、树盘覆草,以保墒节水,减轻日灼病的发生。地膜宜选用黑色地膜、银灰色地膜或灰黑双面膜,不宜使用透光率、反光率高的透明薄膜或乳白色地膜,以免增强果园光照强度从而增加日灼病的发病率。

4.花期慎喷赤霉素

对花量充足、坐果正常的山楂树,花期可不喷赤霉素;对花量不足或花期遇不利天气的山楂树,可在初花期或盛花期重点对树冠内膛或坐果率较低的部位喷洒一次低浓度赤霉素(10~30mg/L),切忌多次高浓度使用。

二、黄叶病

黄叶病又称缺铁症,在全国许多山楂产区均有发生,以华北、西北及山东地区发病较重,严重时影响树势和果实产量。

(一)发病症状

主要在叶片上表现症状,多从新梢顶部嫩叶开始发病。发病初期,叶肉开始褪绿,变淡黄绿色,叶脉及其两侧仍保持绿色,叶片逐渐形成绿色网纹状;随病情发展,叶肉褪绿黄化程度逐渐加重,除主脉及中脉外,其余全部变成黄绿色或黄白色，新梢上部叶片大都变黄。重病树，病叶全部呈黄白色，叶缘逐渐变褐焦枯甚至新梢顶端枯死、形成枯梢；严重时，整树叶片全部发病。

（二）发病因素

黄叶病是一种生理性病害，由于铁素供应不足引起。铁是叶绿素形成的重要成分，缺铁时叶绿素形成受阻，故而导致叶片褪绿黄化。一般土壤中都富含铁素，但在碱性土壤中，大量可溶性二价铁离子被转化为不溶性的三价铁盐而沉淀，不能被树体吸收利用，导致树体表现缺铁黄叶。以下情况尤其需要注意：盐碱地或碳酸钙含量高的土壤容易缺铁；大量使用化肥（特别是速效氮肥），导致土壤板结，容易缺铁；土壤黏重，排水不良，地下水位高，容易导致缺铁；沙性土壤，渗透性强，铁元素容易流失，缺铁较严重；根部及枝干有病或受损伤时，影响养分运输，树体容易表现缺铁症状；果园管理粗放，黄叶病不能及时校正时，常导致连年发病且逐年发病加重；春季干旱时，水分蒸发加剧，表层土壤中含盐量增加，易形成春季黄叶。

（三）防治措施

1. 加强栽培管理

增施农家肥、绿肥等有机肥及微生物肥料，避免偏施化肥，改良土壤，使土壤中的不溶性铁转化为可溶性态，以便树体吸收利用。盐碱地果园，春季灌水压碱，及时排除积水，控制盐分上升，并结合种植深根性绿肥，改良土壤，增加有机质含量。结合施用有机肥混施铁肥，补充土壤中的可溶性铁含量。根据树龄大小，一般每株施用硫酸亚铁或螯合铁0.5~2.0kg，若将铁肥与有机肥按1:（5~10）的比例混匀后埋施效果更好。

2. 及时喷施铁肥

往年有黄叶病的树体或果园，在萌芽期喷施1次0.3%~0.5%的柠檬酸亚铁或硫酸亚铁，能显著控制黄叶病的早期发生，但持效期较短。生长期发现黄叶病后及时喷铁治疗，10d左右1次，直至叶片完全转绿为止。效果较好的铁肥如黄腐酸二氨铁200倍液、黄叶灵300~500倍液、硫酸亚铁300~400倍液+0.05%柠檬酸+0.2%尿素的混合液等。

第四节 病虫害综合防控技术

积极贯彻"预防为主，综合防治"的植保方针。综合防控技术的应用并不是几种防治措施的累加，也不是所有的病虫害都必须强调应用综合防控技术，而是以防控主要病虫害为主，兼顾其他病虫害。果树病虫害综合防控方法包括植物检疫、农业防治、物理防治、生物防治、化学防治等措施。山楂园生产中病虫管理的核心是重在保护树体健康，而不是重在消灭病虫害，实行的是以果园生态系统群体健康为主导的有害生物生态治理新模式，只有这样才能真正实现果树生产的高效、低成本，以及经济效益、生态效益和社会效益的最优化。

一、做好预测预报

准确的病虫测报，可以增强防治病虫害的预见性和计划性，提高防治工作的经济效益、生态效益和社会效益，使之更加经济、安全、有效。病虫测报工作所积累的系统资料，可以为进一步掌握有害生物的动态规律，因地制宜地制定最合理的综合防治方案提供科学依据。

发生期预测主要预测病虫的发生和为害时间，以便确定防治适期。在发生期预测中常将病虫出现的时间分为始见期、始盛期、高峰期、盛末期和终见期。发生量预测主要预测害虫在某一时期内单位面积的发生数量，以便根据防治指标，决定是否需要防治，以及需要防治的范围和面积。分布预测主要预测病虫可能的分布区域或发生的面积，对迁飞性害虫和流行性病害还包括预测其蔓延扩散的方向和范围。为害程度预测主要在发生期预测和发生量预测的基础上结合果树的品种布局和生长发育特性，尤其是感病、感虫品种的种植比重和易受病虫为害的生育期与病虫盛发期的吻合程度，同时结合气象资料的分析，预测其发生的轻重及为害程度。

二、加强农业防治

农业防治是利用先进农业栽培管理措施，有目的改变某些环境因子，使其有利于果树生长，不利于病虫发生为害，从而避免或减少病虫害的发生，达到保障果树健壮生长的目的。农业防治很多措施是预防性的，只要认真执行就可大大降低病虫基数，减少化学农药的使用次数，有利于保护利用天敌。因此农业防治是病虫防治的基础，是必须使用的防治技术。国外有害生物的管理首先选择农业防治措施，为减少农药的使用量，传统的人工防治法又被重视。通过农业防治措施实施，达到不施或少施农药的效果。

（一）选择抗逆性强的品种和无病毒苗木

选育和利用抗病、抗虫品种是果树病虫害综合防治的重要途径之一。抗病、抗虫品种不仅有显著的抗、耐病虫的能力，而且还有优质、丰产及其他优良性状。山楂树是多年生果树，被病毒感染后，将终生带毒，树势减弱、坐果率下降，盛果年数缩短，导致果实产量和品质降低。此外，病毒侵染还可使植株对干旱、霜冻或真菌病害变得更加敏感。生产中在保证优质的基础上，尽量选用抗逆性强的品种和无病毒苗木，这样植株生长势强，树体健壮，抗病虫能力强，可以减少病虫害防治的用药次数，为无公害生产创造条件。

（二）加强栽培管理

病虫害防治与品种布局、管理制度有关。切忌多品种、不同树龄混合栽植，不同品种、树龄病虫害发生种类和发生时期不尽相同，对病虫的抗性也有差异，不利于统一防治。加强肥水管理、合理负载、疏花疏果可提高果树抗虫和抗病能力，采用适当修剪可以改善果园通风条件，减轻病虫害的发生。

（三）清理果园

果园一年四季都要清理，发现病虫果、枝叶虫苞要随时清除。冬季清除树下落叶、落果和其他杂草，集中烧毁，消灭越冬害虫和病菌，减少病虫越冬基数。冬季山楂树可剪除山楂蚜虫、介壳虫、鳞翅目幼虫、黄刺蛾茧、蚱蝉卵以及扫除落叶中越冬黑星病、褐斑病。长出新梢后，及时剪除黑星病的病梢，将剪下的病虫枝梢和清扫的落叶、落果集中后带出园外烧毁，切勿堆积在园内或做果园屏障，以防病虫再次向果园扩散。利用冬季低温和冬灌的自然条件，通过深翻果园，将在土壤中越冬的害虫如蝼蛄、蛴螬、金针虫、地老虎、食心虫、红蜘蛛、舟形毛虫、铜绿金龟子、棉铃虫等的蛹及成虫，翻于土壤表面冻死或被有益动物捕食。深翻果园还可以改善土壤理化性质，增强土壤冬季保水能力。

果树树皮裂缝中隐藏着多种害虫和病菌。刮树皮是消灭病虫的有效措施。及时刮除老翘皮，刮皮前在树下铺塑料布，将刮除物质集中烧毁。刮皮应以秋末、初冬效果最好，最好选无风天气，以免风大把刮下的病虫吹散。刮皮的程度应掌握小树和弱树宜轻，大树和旺树宜重的原则，轻者刮去枯死的粗皮，重者应刮至皮层微露黄绿色为宜。刮皮要彻底。早春（3月至4月初）刮树皮，将树干和大枝上的老翘皮刮掉烧毁，消灭潜在老翘皮中的梨小食心虫、卷叶虫、星毛虫、红蜘蛛等害虫。第一年刮皮后必须隔1~2年才能再刮，以便潜伏芽破皮而出形成徒长枝，更新树冠或培养结果枝组。否则连续刮皮会将芽苞破坏，不能发枝。

对果树主干主枝进行涂白，既可以杀死隐藏在树缝中的越冬害虫虫卵及病菌，又可以防治冻害、日灼，延迟果树萌芽和开花，使果树免遭春季晚霜的危害。涂白次数以两次为宜。第一次在落叶后到土壤封冻前，第二次在早春。涂白部位以主干基部为主直到主枝和侧枝的分杈处，树干南面及树杈向阳处重点涂，涂抹时要由上而下，力求均匀，勿烧伤芽体。

（四）果园生草和营造防护林

果园行间种植绿肥（包括豆类和十字花科植物），既可固氮，提高土壤有机质含量，又可为害虫天敌提供食物和活动场所，减轻虫害的发生。如种植紫花苜蓿的果园可以招引草蛉、食虫蜘蛛、瓢虫、食虫螨等多种天敌。有条件的果园，可营造防护林，改善果园的生态条件，营造良好的小气候环境。

（五）提高采果质量

果实采收要轻采轻放，避免机械损害，采后必须进行商品化处理，防止有害物质对果实的污染，贮藏保鲜和运输销售过程中保持清洁卫生，减少病虫侵染。

三、做好物理防治

在山楂树病虫害管理过程中,许多机械和物理的方法包括温度、湿度、光照、颜色等对病虫害均有较好的控制作用,包括捕杀法、诱杀法、汰选法、阻隔法、热力法等。

(一)捕杀法

捕杀法可根据某些害虫(金龟子、天牛等)的假死性,人工震落或挖除害虫并集中捕杀。

(二)诱杀法

诱杀法是根据害虫的特殊趋性诱杀害虫。

1. 灯光诱杀

利用黑光灯、频振灯诱杀蛾类、某些叶蝉及金龟子等具有趋光性的害虫。将杀虫灯架设于果园树冠顶部,可诱杀果树各种趋光性较强的害虫,降低虫口基数,并且对天敌伤害小,达到防治的目的。

2. 草把诱杀

秋天树干上绑草把,可诱杀美国白蛾、潜叶蛾、卷叶蛾、螨类、康氏粉蚧、蚜虫、食心虫、网蝽等越冬害虫。草把固定场所又在靶标害虫寻找越冬场所的必经之道。所以,能诱集绝大多数潜藏在其中越冬害虫个体。在害虫越冬之前,把草把固定在靶标害虫寻找越冬场所的分枝下部,能诱集绝大多数个体潜藏在其中越冬,一般可获得理想的诱虫效果。待害虫完全越冬后到出蛰前解下集中销毁或深埋,消灭越冬虫源。

3. 糖醋液诱杀

糖醋液配制:一份糖、4份醋、一份酒、16份水配制,并加少许敌百虫。许多害虫如苹果小卷叶蛾、食心虫、金龟子、小地老虎、棉铃虫等,对糖醋液有很强的趋性,将糖醋液放置在果园中,每亩3~4盆,盆高一般1.0~1.5m,于生长季节使用,可以诱杀多种害虫。

4.毒饵诱杀

利用吃剩的西瓜皮加敌百虫放于果园中,可捕获各类金龟子。将麦麸和豆饼粉碎炒香成饵料,每千克加入敌百虫30倍液30g拌匀,放于树下,每亩用1.5~3.0kg,每株树干周围一堆,可诱杀金龟子、象鼻虫、地老虎等。特别对新植果园,应提倡使用。果园种蓖麻以驱除食害花蕾害虫苹毛金龟子。

5.黄板诱杀

购买或自制黄色板,在板上均匀涂抹机油或黄油等黏着剂,悬挂于果园中,利用害虫对黄色的趋性诱杀。一般每亩挂20~30块,高一般1.0~1.5m,当粘满害虫时(7~10d)清理并移动一次。利用黄板诱杀蚜虫等。

6.性诱剂诱杀

性外激素应用于果树鳞翅目害虫防治的较多。其防治作用有害虫监测、诱杀防治和迷向防治3个方面。性诱剂一般是专用的,种类有苹小卷叶蛾、桃小食心虫、山楂小食心虫、棉铃虫等性诱剂。用性诱芯制成水碗诱捕器诱蛾,碗内放少许洗衣粉,诱芯距水面约1cm,将诱捕器悬挂于距地面1.5m的树冠内膛,每果园设置5个诱捕器,逐日统计诱蛾量,当诱捕到第一头雄蛾时为地面防治适期,即可地面喷洒杀虫剂。当诱蛾量达到高峰,田间卵果量达到1%时即是树上防治适期,可树冠喷洒杀虫剂。对于苹果蠹蛾等害虫主要推广利用性信息素迷向防治,利用塑料胶条缓释技术,一次释放性信息素可以控制整个生长期为害。使用性信息干扰剂后大幅度减少了杀虫剂的使用(80%以上)。在压低山楂小食心虫密度条件下,于发蛾低谷期利用性诱剂诱杀器诱杀成虫的防治技术,进行小面积防治示范,可减少化学农药使用1~2次。

(三)阻隔法

阻隔法则是设法隔离病虫与植物的接触以防止受害,如拉置防虫网不仅可以防虫,还能阻碍蚜虫等昆虫迁飞传毒。果实套袋可防止几种食心虫、轮纹病等的发生为害。树干涂白可防止冻害并可阻止星天牛等害虫产卵为害。早春铺设反光膜或树干覆草,防止病原菌和害虫上树侵染,有利于将病虫阻隔、集中诱杀。

四、强化生物防治

利用有益生物或其代谢产物防治有害生物的方法即为生物防治，包括以虫治虫、以菌治虫、以菌治菌等。生物防治对环境污染少，对非靶标生物无作用，是今后果树病虫害防治的发展方向。生物防治强调树立果园生态学的观点，从当年与长远利益出发，通过各种手段，培育天敌，应用天敌控制害虫。如在果树行间种植油菜、豆类、苜蓿等覆盖作物，这些作物上所发生的蚜虫可给果园内草蛉、七星瓢虫等捕食性天敌提供丰富的食物资源及栖息庇护场所，可增加果树主要害虫的天敌种群数量。使用生物药剂防治病虫，在天敌盛发期避免使用广谱性杀虫剂既保护天敌，又补充天敌控害的局限性。保护和利用自然界害虫天敌是生物治虫的有效措施，成本低、效果好、节省农药、保护环境。

五、科学使用农药

化学农药防治果树病虫害是一种高效、速效、特效的防治技术，但它存有严重的副作用，如病虫易产生抗性，对人、畜不安全，杀伤天敌等，因此使用化学农药只能作为病虫害发生时的应急措施，在其他防治措施效果不明显时才采用的防治措施，因此进行化学防治要慎重。在使用中必须严格执行农药安全使用标准，减少化学农药的使用量。合理使用农药增效剂。适时打药，均匀喷药，轮换用药，安全施药。根据防治对象的不同，化学农药可以分为杀虫剂、杀菌剂、杀螨剂、杀线虫剂等。化学农药的使用应遵循以下原则。

（一）正确选用农药

（1）禁止使用剧毒、高毒、高残留农药和致畸、致癌、致突变农药。国家明令禁止使用六六六、滴滴涕、毒杀芬、二溴氯丙烷、二溴乙烷、杀虫脒、除草醚、艾氏剂、狄氏剂、甘氟、毒鼠强、氟乙酸钠、毒鼠硅、砷类、铅类等56种农药，并规定甲胺磷、甲基对硫磷、对硫磷、氧化乐果、三氯杀螨醇、久效磷、磷胺、甲拌磷、甲基异柳磷、特丁硫磷、甲基硫环磷、治螟磷、内吸磷、克百威、涕灭威、灭线磷、硫环磷、蝇毒磷、地虫硫磷、氯唑磷、苯线磷、福美砷等农药不得在果树上使用。

（2）允许使用生物源农药、矿物源农药及低毒、低残留的化学农药。允许使用的杀虫杀螨剂有Bt制剂（苏云金杆菌）、白僵菌制剂、烟碱、苦参碱、阿维菌素、浏阳霉素、敌百虫、辛硫磷、螨死净、吡虫啉、啶虫脒、灭幼脲3号、抑太保、杀铃脲、扑虱灵、卡死克、加德士敌死虫、马拉硫磷、尼索朗等。允许使用的杀菌剂有中生菌素、多氧霉素、农用链霉素、波尔多液、石硫合剂、菌毒清、腐必清、农抗120、甲基硫菌灵、多菌灵、扑海因（异菌脲）、粉锈宁、代森锰锌类（大生M-45）、百菌清、氟硅唑、乙磷铝、易保、戊唑醇、世高、腈菌唑等。

（3）限制使用的中等毒性农药。功夫、灭扫利、来福灵、氰戊菊酯、氯氰菊酯、敌敌畏、哒螨灵、抗蚜威、毒死蜱、杀螟硫磷等。限制使用的农药每种每年最多使用一次，安全间隔期30d以上。

（二）适时用药

1.病虫害发生初期

化学防治应在病虫害初发阶段或尚未蔓延流行之前。害虫发生量小，尚未开始大量取食为害之前。此时防治对压低病虫基数，提高防治效果有事半功倍的效果。

2.病虫生命活动最弱期

在3龄前的害虫幼龄阶段，虫体小、体壁薄、食量小、活动比较集中、抗药性差。如防治介壳虫，可在幼虫分泌蜡质前防治。

3.害虫隐蔽为害前

在一些钻蛀性害虫尚未钻蛀之前进行防治，如卷叶蛾类害虫应在卷叶之前，食心虫类应在入果之前，蛀干害虫应在蛀干之前或刚蛀干时为最佳防治期等。

4.树体抗药性较强期

果树在花期、萌芽期、幼果期最易产生药害，应尽量不施药或少施药。而在生长停止期和休眠期防治，尤其是病虫越冬期，其潜伏场所比较集中，虫龄也比较一致，有利于集中消灭，且果树抗药性强。

5. 避开天敌高峰期

利用天敌防治害虫是既经济又有效的方法，因此在喷药时，应尽量避开天敌发生高峰期，以免伤害害虫天敌。

6. 选好天气和时间

防治病虫害，不宜在大风天气喷药，也不能在雨天喷药，以免影响药效。同时也不应在晴天中午用药，以免温度过高产生药害、灼伤叶片。因此宜选晴天16时以后至傍晚进行，此时叶片吸水力强，吸收药液多，防治效果好。

7. 按防治指标防治

山楂叶螨麦收前达2头/叶时进行防治最为经济有效；蚜虫在20%虫梢率时进行防治最为经济有效。

（三）使用方法

1. 使用浓度

往往需用水将药剂配制成或稀释成适当的浓度，浓度过高会造成药害和浪费，浓度过低则无效。有些非可湿性的或难以湿润的粉剂，应先加入少许，将药粉调成糊状，然后再加水配制，也可以在配制时添加一些湿润剂。

2. 喷药时间

喷药时间过早会造成浪费或降低防效，过迟则大量病原物已经侵入寄主，即使喷内吸治疗剂，也收获不大，应根据发病规律和当时情况或根据短期预测及时在没有发病或刚刚发病时就喷药保护。

3. 喷药次数

喷药次数主要根据药剂残效期的长短和气象条件来确定，一般间隔10~15d喷一次，雨前抢喷，雨后补喷，应考虑成本，节约用药。

4. 喷药质量

当前农药的使用是低效率的，经估算，从施药器械喷洒出去的农药只有25%~50%能够沉积在作物叶片上，在果树上仅有15%，不足1%的药剂能沉积在靶标害虫上，农药大量飘移，洒落到空气、水、土壤中，不但造成人力、物力的浪费，还造成环境污染。采用先进的施药技术及高效喷药器械，防止跑冒滴漏，提高雾化效果，实行精准施药，防止药剂浪费和对生态环境的污染，是节本综合防控的关键环节。根据我国地貌地形、农业区域特点，应用适用于平原地区、旱塬区及高山梯田区的专用高效施药器械，如低量静电喷雾机（可节药30%～40%）、自动对靶喷雾机（可节药50%）、防飘喷雾机（可节药70%）、循环喷雾机（可节药90%）等。同时，要不断改进施药技术，通过示范引导，逐渐使农民改高容量、大雾滴喷洒为低容量、细雾滴喷洒，提高防治效果和农药利用率。

5. 谨防药害

喷药对植物造成药害有多种原因，不同作物对药剂的敏感性也不同。作物的不同发育阶段对药剂的反应也不同，一般幼果和花期容易产生药害。另外与气象条件也有关系，一般以气温和日照的影响较为明显，高温、日照强烈或雾重、高湿都容易引起药害。如果施药浓度过高造成药害，可喷清水，以冲去残留在叶片表面的农药。喷高锰酸钾6 000倍液能有效地缓解药害。结合浇水，补施一些速效化肥，同时中耕松土，能有效地促进果树尽快恢复生长发育。在药害未完全解除之前，尽量减少使用农药。

6. 注意抗药性

抗药性是指由于长期使用农药导致的病虫具有耐受一定农药剂量（即可杀死正常种群大部分个体的药量）的能力。为避免抗药性的产生，一是在防治过程中采取综合防治，不要单纯依靠化学农药，应采取农业、物理、生物等综合防治措施，使其相互配合，取长补短。尽量减少化学农药的使用量和使用次数，降低对害虫的选择压力。二是要科学地使用农药，首先加强预测预报工作，选好对口农药，抓住关键时期用药。同时采取隐蔽施药、局部施药、挑治等施药方式，保护天敌和小量敏感害虫，使抗性种群不易形成。三是选用不同作用机制的药剂交替使用、轮换用药，避免单一药剂连续使用。四是不同作用机制的药剂混合使用，或现混现用，或加工成制剂使用。另外注意增效剂的利用。

第十章　山楂果实采收与贮藏加工技术

第一节　果实采收与包装

一、果实采收

（一）采前准备

采收前应先准备好采果篮、果筐（箱）、蒲包、塑料袋及必要的人力、采果器械等。

（二）采收时期

主要依据果实成熟度、果品用途和市场供求等情况确定采收时期。当果实达到生理成熟时，外观一般表现为果实已全面着色，颜色鲜艳亮丽，果点明显，果肉微具弹性，略有香气，风味良好，此时便可准备采收。若采收过早，果重偏小，糖度低，果实品质差，贮藏中烂果多；若采收过晚，不仅加重采前落果，果实还会变软不耐贮运。在达到生理成熟时采摘的山楂果，可用于鲜食或加工。若用作加工山楂罐头、蜜饯、糖葫芦等应保持原形；做长期运输者，则要求果肉硬度稍大些，可在果实尚未完全成熟，只要具有山楂风味、香气和应有的大小时便可提前采收。此外，还应考虑市场供应、贮运能力、劳力调配等情况进行综合决定。

各地具体的采收时期，因品种、气候等各异。如山东泰安大货山楂、敞口山楂采收期在10月上旬；河南辉县豫北红采收期在9月底至10月初；辽宁辽阳的辽红采收期在10月上旬，秋里红采收期在9月中下旬。

（三）采收方法

目前主要是人工采收。采收时用双手捧紧整个果穗的果实后，朝果柄方向稍用力推一下，便可将全部果实带果柄摘下，再轻轻地放入采果篮中。

二、分级、包装

（一）分级

在采果过程中应随时挑除小果、病果、有明显刺伤果和虫蛀果等。采收后先堆放在树下阴凉处，盖草或席片遮阴，待散热后进行分级、包装。在符合基本要求的前提下，山楂分为特级、一级和二级，等级划分应符合表10-1的规定。

表10-1　山楂等级分类标准

项目	特级	一级	二级
色泽	达本品种成熟时固有色泽	达本品种成熟时固有色泽，着色不均面积不超过果面的1/10	达本品种成熟时固有色泽，着色不均面积不超过果面的1/5
果实均匀度指数	≥0.80	≥0.70	≥0.60
碰压刺伤、锈斑、病虫果率合计（%）	0	<5	<10

山楂规格分为大果型、中果型和小果型，各果型单果重应符合表10-2的规定。

表10-2　山楂规格

规格	大果型（L）	中果型（M）	小果型（S）
单果重/g	≥13	7~13	≤7

（二）包装

包装用品可本着就地取材，保持果品质量和便于运输即可。根据用途及运输的远近，采用不同的包装方法。用于鲜销或制作罐头、果脯、糖葫芦等需要保持原形，或要进行较长时间的运输和贮藏者，应用硬度较大的果筐或木箱、硬塑料箱。内衬蒲包或其他柔软的材料，一件全重量最好在15~25kg，便于搬运。长途运输时应防止挤压、雨淋暴晒或闷热，最好在夜间行车，但要注意防冻。

第二节　果实贮藏保鲜

一、贮藏保鲜方式

当前山楂果品的贮藏保鲜主要包括简易贮藏、冷库贮藏和气调贮藏。

（一）简易贮藏

1. 半地下窖贮藏

（1）挖地下窖。选择地势高、干燥、阴凉的屋后或树荫下挖窖，窖深20~30cm，宽70cm左右，长度依果量的多少和窖地的具体情况而定，将挖出的土培在窖沿四边高10cm，并把窖底和四壁周围铲平拍实。

（2）贮藏方法。果实入窖前，首先用松柏小枝将窖底与四周铺严，以防果实直接与土接触，还可调节窖内湿度，再把经过预冷的山楂轻轻地散存于窖内，果堆中间比地面高出10cm左右，两边应低于地面10~20cm，呈屋脊形，在果堆上覆盖一层松柏枝，再覆盖苇席。

（3）贮藏期间的管理。入窖后不要急于封窖，白天可先盖苇席防止太阳直射。夜间取下散热，并利于露水湿润果皮，防止干燥。霜降以后在果堆上加盖松柏枝15~18cm，窖内保持0~2℃的温度，当气温降到-7℃以下时，果上加盖树叶厚23~27cm；或加盖玉米秆等保温。第二年春天随温度的增高，将其覆盖物逐渐减薄。需要取果时可从窖一头开口，随用随取或一次取完。此法投资少，效果好，简便易行。

2. 地下窖贮藏

（1）地下窖规格。由砖、石砌成的地下窖长4m、宽3m、深2.5m，呈东西向，窖顶南北两侧各设3个通气孔，规格20cm×20cm、高出窖面

30cm。窖中间设一个窖口,长、宽各80cm。用普通条筐(规格高55cm、上口直径45cm),每筐盛果25kg,窖内可装100筐,能贮藏山楂2 500kg。

(2)贮藏方法。将山楂先预冷5d,再轻轻装入内衬硅橡胶袋的条筐中,在窖中温度降到10℃以下时入窖。入窖后前期温度变化由8℃降至1℃,相对湿度85%~90%。中期温度变化-0.6~0.4℃,相对湿度同前期。后期温度变化0.5~1℃,相对湿度同前期。整个贮藏期间注意定期、定时调节(关闭)通气孔进行通风换气,经160d后好果率达92.7%,山楂果实外观鲜艳饱满,果柄鲜绿。此方法易掌握、投资少、效益明显。

(二)冷库贮藏

在进行山楂的大量贮藏时,一般都采用通风库贮藏和冷库贮藏。山楂贮藏前需在有制冷设备的冷库预冷,使果实迅速下降至贮藏适温。在入库前,库房要经过消毒。消毒后的冷库,在入贮前要提前开机制冷,使库温降至山楂贮藏的适宜温度。一次入库的数量不宜过多,每天入库量占库容量的10%左右为宜。将预冷后的果用塑料袋包装,扎紧袋口,温度控制在0~2℃,湿度95%左右,此法贮藏果实鲜亮,无烂果或很少烂果。

(三)气调贮藏

气调贮藏是在建有气密条件较好的冷藏库的基础上,增加调节及测定气体成分、温湿度的机械设备和仪器,贮藏效果比普通冷藏效果大大提高。如气调大帐法,选用厚度为0.1~0.2mm的聚乙烯膜,做成容量为500~1 000kg的大帐贮藏山楂,效果也比较好。具体方法包括大帐自然降氧法、碳分子筛气调机等人工降氧法、硅窗气调大帐法等,可以采用堆码、箱装、筐装,常用的为碳分子筛气调贮藏法。也可用厚约0.02mm的高压聚氯乙烯薄膜粘合成2 500~10 000kg的塑料大帐。帐内的调气方式有自发气调和快速降氧两种。入帐初期,帐内气体组分变化较大,每天要测气2次,以后每天1次,冬季气温稳定以后可每周测气1次。氧浓度低时要补入空气,CO_2浓度过高要设法消除。果实放入周转箱或筐中入塑料大帐中,利用调整开关技术,把气体成分控制在O_2 3%~5%,CO_2<2%,于0~0.5℃下贮藏。利用此法可贮藏7个月,其好果率达95%以上。

二、影响山楂贮藏的因素

（一）品种及成熟期

山楂的品种、品系较多，栽培地域较广，应选择大面积栽培的耐贮藏品种。山楂大体上可分为早熟、中熟和晚熟3种类型。在一般贮藏条件下，早熟品种肉质绵软，含糖量低，不耐贮藏；中熟品种果实质地变绵很快，果实耐贮藏能力差，只能进行短期贮藏；晚熟品种果实硬度大，营养物质含量高，耐贮藏的能力较强，适宜进行较长时期贮藏。

（二）地域与气候

山楂在我国分布极广，一般高纬度较寒冷的北方地区所产的山楂，往往比产于低纬度较温暖的南方山楂品种耐贮藏。如辽宁、北京、山东等地产的许多品种，比湖北等地产的山楂品种耐贮藏，而云南产的山楂最不耐贮藏。

（三）病虫为害

由于被虫害或病菌为害的果实很快会烂掉，所以病虫为害的山楂，不适于作贮藏用果。在山楂入库前要严格挑选，防止伤果、病虫果混入，以防病菌扩展。

（四）采收时期

掌握适宜的采收时期是山楂贮藏成败的基础，也是提高山楂果实贮藏保鲜经济效益的关键。山楂采摘期的确定，往往要考虑市场的需要、用途和耐贮藏性。一般用于长期贮藏的山楂，采收期可适当提前，用于鲜销和加工的山楂，则应适当晚些采收，其风味、产量都将相应提高。但用于贮藏的山楂，采摘过晚，山楂大量落果，机械伤增加，果实采后很快衰老、变软、腐烂增多，耐藏性降低。采收过早，会导致果色、香、味等固有风味不足，影响产量和品质。同时，采后造成果实失水严重而大量萎蔫，使耐贮性降低。一般当果皮变成红色，果面出现果粉或蜡质时，即可进行采摘。采摘以上午为宜，尽量减少机械损伤。采后用散堆等方式在阴凉处放置1~2d，散去田间热，再入0℃冷库贮藏。

（五）贮藏温度与湿度

1. 温度

果实在贮藏期间，呼吸作用的强弱，将影响山楂果实的衰老进程，而呼吸作用的强弱又受温度的制约。果实在贮藏过程中，随着温度的升高，呼吸作用加强，贮藏时间相应缩短；温度较低时，果实的呼吸强度也降低，贮藏时间也相应延长。山楂果实适宜贮藏的温度为$-1 \sim 0℃$，高于这个温度会使果实衰老加快。如贮藏温度过低（低于果实的结冰温度），易发生果实的冷害。山楂的呼吸强度在0℃时最小，在$-2 \sim 2℃$的范围内变化不大。

2. 相对湿度

贮藏中山楂仍在不断地进行水分蒸发，果实表面积大，相对的水分蒸发量也大，为了保持果实的水分和新鲜程度，必须将贮藏环境中的空气相对湿度严格控制在85%～90%。这样可以有效地降低果实水分蒸发，避免果实的失重和萎蔫。

（六）果实贮藏期间的气体成分

在高浓度CO_2、低浓度O_2的条件下，可抑制呼吸作用，减少营养消耗和果胶的分解，获得良好的保鲜效果。在应用气调贮藏的情况下，值得注意的是CO_2的浓度不是越高越好，持续时间也不宜太久，否则易遭受CO_2伤害。在常温条件下贮藏山楂，CO_2含量最高不超过8%，O_2含量最低不能低于3%。

三、存在问题与解决方法

山楂的耐贮性较好，但在贮藏过程中，有两个亟待解决的问题。首先，果实极易失水而萎蔫。山楂在贮藏过程中，若湿度太低时，果实会因蒸腾过旺而大量失水。因此，山楂贮藏必须保持适宜的湿度。如在较低的温度情况下，相对湿度以90%～95%为宜，若在较高的温度条件下（如2～4℃），其适宜的相对湿度要适当低些，为85%～90%。另外，采用硅窗气调薄膜小包装袋和气调大帐等方法也是有效的措施。其次，易受霉菌侵染而导致大量腐烂。将果实贮藏于适宜的温度（$-2 \sim 0℃$）、湿度和气调指标条件下，是减少腐烂和延长贮藏寿命的有效方法。另外，一般认为山楂贮藏前期可以忍受较高浓度的CO_2和较低浓度的O_2（10—11月可将O_2控制在7%~10%，CO_2为7%~10%），而在后期（第二年2—3月，O_2为15%，CO_2为1%~3%）则需较高浓度的O_2和较低浓度的CO_2，不然会造成果实变质和腐烂。

第三节 山楂加工技术

一、山楂加工企业

（一）我国山楂加工代表性企业

2019年山楂加工行业产业规模约2 500亿元，同比增长18.6%。由于山楂是我国独有的果树，随着栽培面积的减少，短期内国内外供需难以达到平衡，山楂加工行业市场需求旺盛。"互联网+"在山楂领域的应用为山楂加工产业带来了新的发展空间。截至2020年，全国的山楂加工企业有上百家，其中多数为中小型企业，龙头、大型企业占比较少。2018年，有10家山楂加工企业被授予了国家或省级龙头企业称号，其中4家来自山东，2家来自山西，河北、北京、浙江和江苏各有1家，排名前5位的分别是：①承德怡达食品股份有限公司，主营产品包括罐头、休闲食品、山楂饮品等，产品远销国外15个国家和地区；②山东滨州健源食品有限公司，主营山楂条、山楂饼、果丹皮、山楂球等休闲食品，山楂制品在地级市占有率超过78%，在经济发达的县城占有率超过25%；③北京红螺食品有限公司，主要产品是山楂果脯，国内外均有销售；④山西维之王食品有限公司，主营果糕、蜜饯、饮品等，年加工山楂1万t，产品主要在国内市场销售；⑤潍坊华夏食品有限公司，产品包括山楂条、山楂卷、山楂饮品等40多种。由此可见，山楂加工产业发展的重点区域在山东、山西、河北和北京。

（二）山东山楂加工代表性企业

山东山楂加工代表性企业还有：①山东皇尊庄园山楂酒有限公司，集山楂种植、产品加工生产和终端销售于一体，产品包括山楂干红、山楂冰酒、山楂白兰地等，是国家《山楂酒》行业标准发起企业。②山东金晔农法食品有限公司，产品主要有山楂汁饮料、山楂棒、山楂条、山楂球、六物山楂条以及酵素山楂果肉制品等。③青州市金潮来食品有限公司，主要经营山楂片、山楂条、果丹皮、山楂汉堡、山楂球等。④青州市国丰食品有限公司，产品主要包括山楂果脯、山楂片、果丹皮等数个系列多种产品，该企业通过"食安山东"品牌认证。⑤济南万邦食品有限公司，主要产品有山楂干、山楂零食、山楂果酒、山楂红啤、花草茶等，脱水山楂干产品占全国市场的一半以上。

二、主要加工产品

（一）山楂粉

山楂粉是山楂果肉经过干燥、粉碎后加工而成，具有易保存、营养价值高、使用方便等特点。目前，干燥山楂果肉的方式主要有热风干燥、微波干燥、真空冷冻干燥、真空微波干燥、喷雾干燥和联合干燥等。通过对比不同干燥方式制备的山楂粉，发现真空冷冻干燥山楂粉维生素C含量最高，为55.75mg/100g，且果胶结构更加稳定，更适用于后期加工，而喷雾干燥制得的山楂粉水分含量最低，为3.13%。

不同粉碎方式对山楂粉的物化性质、利用价值至关重要。研究发现，通过球磨得到的山楂粉比表面积、持水力、持油力、黄酮类和多酚类物质含量均高于高速剪切得到的山楂粉，其具有更好的食用品质。山楂粉可用于改善产品品质、增加食品风味。将山楂粉与玉米淀粉混合加热制成混合物，山楂颗粒会聚集在淀粉颗粒表面，减少淀粉与水接触，从而延缓淀粉糊化，改善淀粉性能。在小麦蛋糕中添加山楂粉，提高了蛋糕硬度、胶黏性和咀嚼性，总多酚、总黄酮含量也有所提高，且制备出的蛋糕具有一定的抗氧化性。

（二）山楂饮料

山楂饮料在加工过程中一般需要降酸脱涩，以维持其功能性成分含量及产品稳定性。山楂中所含的大量有机酸导致其口感酸涩。利用离子交换法，使用大孔吸附树脂选择性地吸附果汁中的可滴定酸,同时保持果汁中的黄酮类物质含量,为生产低酸度高总黄酮含量的山楂果汁提供理论参考。采用复合酶改善山楂汁的涩味,结果表明,当果胶酶、单宁酶、纤维素酶添加量分别为0.4g/100mL、0.7g/100mL、0.6g/100mL时,脱涩效果最佳,此时山楂汁的单宁脱除率为89.9%。高压、高温处理有助于诱导果汁中酚类物质的释放,可增加果汁中酚类物质的浓度,该研究结果可为开发功能性果汁提供方法依据。以猴头菇、山楂为原料,通过使用酶解和均质技术同时添加稳定剂的方法,制备出了酸甜可口、具有猴头菇风味和山楂清香味的猴头菇山楂饮料。

(三)山楂汁

通常选取新鲜、成熟、无病虫害、不腐烂的果实,用水冲洗干净,除去杂质。用打浆机或破碎机将山楂粉碎,再用浓度为30%,温度为90℃的糖水浸泡24h(糖水量为果肉的2倍)后,捞出果肉(或沥出果汁),再以同样比例的清水,把果肉煮沸20~30min,并浸泡24h,沥出汁液,倒入上述(第一次浸泡)的糖水中。两次混好的山楂汁,加入浓度为50%的糖浆,把糖分调到16%,加柠檬酸使酸度达到0.6%,再加适量的六偏磷酸钠和食用色素。充分搅拌后,用细布或白绒布过滤,过滤后加热至80℃,装瓶、压上瓶盖,在90℃热水中加热20min,取出冷却到40℃时,即可入库。成品呈深红色、半透明,静置后有少量沉淀,原汁液不低于40%,可溶性固形物含量15%~18%。

(四)山楂酒

山楂酒作为新兴的、具有保健功效的酒精饮料正在陆续开发,目前,已知的山楂酒种类包括山楂白兰地、干红山楂酒、山楂果酒等。适度饮用山楂酒具有滋补美容、强身健体的功效,山楂酒中的原花色素成分对心血管疾病的防治也有重要的作用。现阶段山楂酒主要采用发酵法、浸泡法以及发酵浸泡相结合的方式来生产。从其生产工艺来看,山楂酒大多属于果酒生产的范畴。

1. 生产工艺

选用成熟、新鲜饱满、色泽好、糖度高的山楂果实,剔除病虫害果、腐烂果及杂质。利用辊式破碎机破碎果实,但不压破果核。在发酵前,需要往山楂发酵液中补加白砂糖,以提高酒精产量。由于山楂果实含水量低,不利于发酵,故调糖时将砂糖配成低浓度的糖液加进去,一般所加的糖液浓度为12%~15%,山楂果与糖液的质量比例为1:(1~1.5),混合均匀后输入发酵容器内,立即加入偏重亚硫酸钾(钠)。接种酒精酵母,酒精酵母先驯化培养在山楂浆中,使其适应酸性环境,待发酵旺盛时采用分割接种法扩大培养。一般接种后20h内即可开始发酵,液面出现泡沫,果渣上浮,每天要用压板将果渣等搅散压入液中,以利果肉等均匀发酵。保持发酵温度为20℃左右,经7~20d,发酵液糖分降至1%以下时即可分离。将分离出的山楂原酒进一步发酵25~30d,当残糖降至0.5%以下时,再次分离,即得山楂原酒。将原酒移入贮酒的容器内,用脱臭的酒精调整原酒的酒度达15%以上,添满容器,密封后即转入陈酿阶段。

山楂酒具体生产工艺流程:精选山楂→清洗→破碎→浸提山楂汁→成分调整(白砂糖、果胶酶)→发酵(酵母)→陈酿→分离澄清(澄清剂)→山楂酒。

发酵山楂酒时菌种的选择、接种量及发酵条件是影响产品品质的重要因素。果酒酵母或活性干酵母是较为常用的菌种,发酵温度一般为20~30℃,发酵时间则长短不一;不同条件得到的山楂酒品质不同。山楂酒的澄清度可影响产品的外观、口感和品质。导致山楂酒浑浊的原因包括:储存环境变化,金属离子含量过高,蛋白质、杂菌污染等。一般将澄清剂,如明胶、皂土、硅藻土以及聚乙烯吡咯烷酮(PVPP)按照一定比例复配后进行山楂酒的澄清。不同发酵工艺的酒体特征评价见表10-3。

表10-3 山楂酒的发酵工艺和特征评价

发酵菌种	发酵工艺	特征评价
果酒酵母、非酿酒酵母	菌种比例1:1,初始含糖量26g/L,发酵温度26℃,pH值3.3	风味协调,有玫瑰香味,酒精度为11%
Laffort果酒酵母	料水比为1:3.5(g/mL),发酵菌接种量为2.0×10^7CFU/mL,发酵温度20℃,发酵时间6d	果香浓郁,口感清新,色泽艳丽。酒精度为8.75%,总酸含量为3.97g/L
果酒专用干酵母	发酵温度26.6℃,酵母接种量0.40g/L,初始糖度15.2%,pH值3.2	色泽呈橘红色,具有较明显的山楂果香,酸甜协调。果酒总黄酮含量0.11g/L,总糖含量10.6g/L,酒精度7.5%

（续表）

发酵菌种	发酵工艺	特征评价
活性干酵母	初始糖度18%，酵母添加量0.1%，发酵温度31℃，发酵时间24h	澄清透明，酒色呈宝石红色，有明显山楂果香，酒精度为3%
葡萄酒酵母	料水比1:2，接种量0.2g/L，发酵温度20~22℃，发酵时间4~5d	透明、橙红色，果味浓郁，口感醇厚

2.山楂酒产品分类

按含糖量分为干型、半干型、半甜型、甜型。按生产工艺分为山楂酒（发酵型）、山楂果酒、山楂果蔬酒、山楂花果酒、山楂冰酒、山楂酒（浸泡型）。

（1）山楂酒（发酵型）。以山楂或山楂汁（浆）为原料，添加糖源，经全部或部分酒精发酵酿制而成的发酵酒。

（2）山楂果酒。以山楂或山楂汁（浆）为主要原料，加入其他水果或果汁（浆）、糖源共同发酵或以山楂酒为主，加入其他发酵型果酒调配而成的发酵酒。

（3）山楂果蔬酒。以山楂或山楂汁（浆）为主要原料，加入蔬菜或蔬菜汁（浆）、糖源共同发酵而成的发酵酒。

（4）山楂花果酒。以山楂或山楂汁（浆）为主要原料，加入可食用花卉、糖源共同发酵而成的发酵酒。

（5）山楂冰酒。在山楂酒生产过程中，采用了冷冻浓缩工艺生产的产品。

（6）山楂酒（浸泡型）。以山楂酒为酒基，加入经食用酒精浸提山楂得到的提取物，或直接以食用酒精为酒基浸提山楂，加工而成的配制酒。

3.常见问题及解决措施

（1）山楂汁褐变。大部分山楂酒都是先将山楂果实制备成山楂汁，再经完全或部分发酵而成。山楂鲜果在破碎打浆时，细胞中的多酚氧化酶作用于山楂中的酚类物质引起褐变；此外，美拉德反应、焦糖化等反应也会引起非酶褐变，影响山楂汁的风味，降低山楂酒品质。使用酸溶液处理、硫处理和抽真空等处理方式降低褐变对品质的影响。

（2）山楂酒甲醇含量高。山楂鲜果的果胶含量高，高温、高酸、过碱以及酶的作用都会导致果胶被分解为甲醇，从而使山楂酒中甲醇含量偏高。在制备山楂汁时添加果胶酶，控制山楂汁的pH值、热处理，对于降低山楂酒中甲醇含量效果显著，还能起到间接降低褐变发生的作用，稳定山楂汁颜色。

（3）山楂酒酸度高。降酸方法包括化学降酸法、物理降酸法、生物降酸法。其中，物理降酸法效果差，运行成本大；化学降酸法和生物降酸法是广泛采取的方法，特别是生物降酸法，通过苹果酸乳酸发酵工艺以及选择合适的降酸酵母菌株来降低山楂酒的酸度。

（4）山楂酒浑浊。浑浊产生的原因包括蛋白质和残糖的沉降作用、铁氧化作用以及杂菌污染等。澄清工艺主要包括自然澄清法、物理澄清法和化学澄清法。自然澄清法采用长时间静置，期间还会产生其他沉淀反应，应用较少；物理澄清法不能清除酒液中小分子物质，时效性短；化学澄清法是借用澄清剂与酒液中不稳定成分反应，凝聚产生沉淀，过滤后获得澄清酒液，操作简单，效果明显而被广泛采用。目前，常用澄清剂包括明胶、皂土、蛋清等（成冬冬等，2021）。

（五）山楂醋

山楂醋在发酵过程中会产生挥发性香气化合物以及高生物活性的酚类物质，具有较高的功能价值和经济价值。山楂醋是在酒精发酵基础上，再经过醋酸发酵而成。

选取新鲜、成熟度好的山楂，除去腐烂果、杂质，洗去果实表面的泥土，捞出沥水。用挤压破碎机将山楂挤破，但不破碎果核。破碎后的山楂加入0.5%~0.6%的果胶酶，以利于提高出汁率。为了防止山楂果汁在发酵过程中受到杂菌的污染，需加入40mg/L的二氧化硫，静置12h。把山楂发酵酒与山楂浸泡酒液按一定比例混合，拌入灭菌后的麸皮、稻壳，制成酒精体积分数为6%~8%的醋基，接入醋酸菌，翻拌均匀，在固态进行醋酸发酵，原料的水分含量控制在60%左右。控制室温为25~30℃，品温39~41℃，品温不超过42℃，每天倒缸1次，使其松散，供给醋酸菌充足的氧气，并散发热量。经过12~15d的醋酸发酵后，品温开始下降，应每天取样测定其醋酸含量。当发酵温度降至31~33℃，测得醋酸含量不再升高时醋酸发酵即可结束。

主要生产工艺流程为：原料→清洗→破碎、酶解→酒精发酵→分离、调配→醋酸发酵→分离→灭菌→成品。山楂醋在酒化阶段使用的菌种及发酵条件同山楂酒工艺接近，当酒精含量为6%时进入醋化阶段。在醋化阶段一般使用醋酸菌，发酵温度为30~35℃。山楂醋的发酵条件及特征评价如表10-4所示。

表10-4 山楂醋的发酵工艺和特征评价

酒化菌种	酒精发酵工艺	醋化菌种	醋酸发酵工艺	特征评价
安琪果酒专用酵母、乙醇假丝酵母	2%（体积分数）安琪果酒专用酵母和1%（体积分数）乙醇假丝酵母，发酵温度28℃，时间15d	体积分数为5%的巴氏醋杆菌、体积分数为5%的戊糖片球菌	接种量10%（质量分数），发酵温度30℃，发酵时间6d	澄清透亮，色泽呈棕红色，酸味柔和，略带甜味，保留了山楂的清香和黄酮类物质等功能性成分
果酒酵母	果酒酵母用量为0.1%，发酵温度24℃，发酵时间7d	醋酸菌	菌种用量3%，酒精含量6%，发酵时间30d	鲜红诱人、澄清透亮、醋香醇厚、营养丰富
	初始酒精度19%，料液比为1:1.5，温度20℃，浸泡5d	醋酸菌	接种量6%，酒精6%，起始糖度10g/L，发酵温度30℃	澄清透明，稳定性良好，转酸率达83.84%
干酵母	山楂液糖度为15g/L，添加质量浓度0.1%的干酵母，发酵温度为20~25℃，发酵时间7d	醋酸菌	在30℃条件下，发酵时间90d	酯类、酸类、醇类、酮类等香气成分丰富
酿酒活性干酵母	酒精发酵温度为（30±2）℃，发酵时间6d	醋酸菌	发酵温度为（33±2）℃，发酵时间8~9d	晶亮透明，色泽呈浅红色，有浓郁的醋香和山楂果香，口感酸而不涩，微甜

（六）山楂酸奶

山楂富含果胶，将其运用到酸奶制备中可使酸奶口感更佳，同时还能提高酸奶的营养价值。山楂酸奶由山楂通过添加谷物、水果等发酵制成。表10-5为山楂添加不同原料制备的酸奶发酵工艺及产品特征。

表10-5 不同山楂酸奶的发酵工艺和特征

原料	添加比例	发酵工艺	产品特征
白果、山楂	16.7%白果汁、12.5%山楂汁，质量比为1∶2	18%复合果汁、4%蔗糖、0.8g/L发酵剂，发酵时间5h	口感酸甜细腻，具有白果和山楂的清香
陈皮、山楂	6.6%陈皮水、3.3%山楂汁	蔗糖9%，乳酸菌0.1%，发酵时间6.5h，发酵温度43℃	颜色均匀，爽口细腻，酸甜适宜，奶香浓郁，具有山楂和陈皮的清香
山楂、薏仁	山楂添加量5.18%，薏仁添加量1.02%	白砂糖5.08%，菌种接种量为0.13%，发酵时间为4h，发酵温度42℃	组织状态均匀黏稠，色泽光亮，醇厚的酸奶味中夹杂着薏仁和山楂的风味，口感好，酸甜适中
红枣、山楂、桂圆	红枣、山楂、桂圆质量比为4∶4∶3，果汁添加量为15%	蔗糖添加量7%，菌种接种量11%，发酵温度45℃，发酵时间5h	风味独特，营养丰富，感官评分高

（七）山楂罐头

选用新鲜饱满，果实横径在2.5cm以上，成熟度八九成，色泽鲜艳，无病虫害，无伤烂的果实。用清水将果实漂洗干净。用捅核刀除去果核及柄。将果实放入80℃以上的热水中保持2~4min，待果肉稍变软时立即捞出，并尽快冷却、装罐。果实预煮后尽快装罐，装罐时将破碎果拣出，按果实大小、色泽进行分级装罐。同一罐内果实的色泽、大小应基本一致。加热排气的温度为90~95℃，排气时间10min左右，以罐内中心温度75℃以上为准，真空排气封罐则保持真空度在60kPa以上。封罐用手扳封罐，用真空封罐机则要求真空度在60kPa以上。采用常压杀菌，5~20min/100℃，杀菌后将罐头分段冷却至37℃。成品要求果实呈红色，色泽较一致，糖水较透明，允许含有少量不引起混浊的果肉碎屑，具有本品种糖水山楂罐头应有的风味。

（八）果酱

果实充分成熟、色泽好、无病虫害、无腐烂现象。果实用清水漂洗干净，并除去果实中夹带的杂物。按料液质量比为1.0∶0.5称取果实和水，置于锅中加热至沸腾，然后保持沸腾状态20~30min，将果肉煮软至易于打浆。果实软化后，趁热用打浆机进行打浆1~2次，除去果梗、核、果蒂、皮等杂质，即得山楂泥。加糖浓缩，先将白砂糖配成质量分数75%的糖液并过滤，然后将糖液与山楂泥混合入锅浓缩，蒸气压力保持在245kPa，浓缩中要不断地搅拌，以防焦糊。浓缩后期，蒸气压力控制在147kPa左右。浓缩至果酱的可溶性固形物达到65%以上即可出锅。趁热装瓶，保持酱温85℃以上，装瓶不可过满，所留顶隙度以3mm左右为宜。装瓶后立即封口。5~20min/100℃，杀菌后分段冷却到37℃。成品要求酱体呈红色或红褐色，均匀一致，具有山楂酱应有的酸甜风味，无焦糊味及其他异味。

（九）果脯

选用新鲜饱满、色泽鲜艳、果个较大（果径2cm以内）、果肉厚及组织紧密、成熟度为八九成、无病虫害的山楂果实作原料。用清水将果实漂洗干净，将果蒂、梗及核除掉。糖煮用山楂50kg、白砂糖25kg。先将20kg白砂糖配成质量分数为40%的糖液，置于锅中煮沸，倒入山楂果实，迅速加热至沸，保持微沸30min，用小火慢慢煮制，使果实均匀沸腾，以免剧烈沸腾使果实破裂。然后将另5kg白砂糖分2次加入，继续煮到果肉全部被糖液浸透、呈透明状时，即可出锅，将果实连同糖液一起置于缸内浸泡12h。从糖液中捞出果实，沥干糖液，放在竹屉或烘盘内，装入烘房架干燥，干燥温度为60~65℃，干燥时间为10h左右，烘至果脯不粘手，软硬适度，含水量在18%时即可出烘房。按质量要求进行山楂脯的分级包装。

（十）果冻

将山楂果实漂洗干净，破碎或切成2~4瓣，倒入锅中，加入与果实等质的水，加热煮沸10~20min，并不断搅拌，使山楂果实的糖、酸、果胶、维生素C、色素等成分充分溶解出来，然后用布过滤出汁液。剩下的果渣，加等质的水进行第二次煮沸、滤汁，将2次提取的果汁混合，用布过滤，待用。剩余的果渣可用于生产山楂酱、果丹皮等制品。将山楂汁称重后，倒入双层锅中加热浓缩。待山楂汁温度升高到101℃时，或浓缩至为原山楂汁质量的1/2~3/5时，开始加入白砂糖，加糖量为原山楂汁质量的40%~60%，继续加热浓缩，在浓缩中要不断除去液面出现的泡沫。用小勺取出少许山楂汁，置于空气中，其表面很快就开始结成皮状即可停止。山楂汁加糖浓缩到终点后，待汁温降到85℃时，立即装入四旋瓶中密封，经过杀菌、冷却即为成品。

（十一）山楂叶代用茶

山楂叶在我国药用历史悠久，富含生物活性成分，如黄酮类、萜类、有机酸、氨基酸、生物碱等，具有降血脂、降血糖、活血化瘀等功效。山楂叶自身特有的香气使其具有较高的饮用价值，与其他品种茶相比，山楂叶代用茶保健功能显著。开发兼具营养和保健功能的山楂叶代用茶能较好地满足大众对饮食文化需求，丰富茶饮料市场。

将采摘的山楂鲜叶参照传统茶叶加工工艺，并经必要改进后，加工代用茶。其中，绿茶和白茶工艺较适宜山楂叶代用茶的制备。直接烘干：鲜叶→烘干（温度70℃，2~3h，含水率7%以下）；绿茶：鲜叶→摊晾（30min）→杀青（200℃）→揉捻→烘干（温度70℃，120min）→摊晾→提香（80℃，30min）；白茶：鲜叶→萎凋（含水率降至35%~40%）→消青（过滚筒杀青机100℃，3min）→摊晾→烘干（70℃，120min）；红茶：鲜叶→萎凋（含水率60%~65%，梗折不断）→揉捻→发酵（青气消失，叶色变红）→烘干（70℃，120min）→摊晾→提香（80℃，30min）。

（十二）山楂保健制品

山楂自古以来就有入药的传统，2020版《中国药典》收录的山楂药方有大山楂丸、山楂化滞丸、开胃山楂丸等，具有健胃消食、行气健脾之功效。目前，以山楂为原材料制成的具有保健功效的产品类型有胶囊类、片剂、口服液、颗粒等。以山楂为主要原料的保健制品如表10-6所示。

表10-6 以山楂为主要原料的保健制品

功能	名称	主要原料	功效成分
降脂	麦旨宝牌丹参三七山楂胶囊	丹参、山楂、姜黄、决明子、三七	黄酮类物质、皂苷
	天人健牌丹参红曲片	丹参、山楂、姜黄、泽泻、决明子	黄酮类物质、皂苷、洛伐他汀

（续表）

功能	名称	主要原料	功效成分
调节血糖血脂	华信牌雪源康口服液	决明子、山楂、富铬酵母	黄酮类物质、有机铬
	杭宝牌脂糖康片	银杏叶提取物、山楂提取物、泽泻提取物、黄芪提取物、苦瓜提取物、人参提取物	皂苷、黄酮类物质、粗多糖
减肥、调节血脂	过江龙牌天脉口服液	山楂、麦芽、苦瓜、木糖醇、纯化水	皂苷、黄酮类物质
	荷叶牌减肥茶	荷叶、山楂、决明子、茶叶、海藻、甘草	黄酮类物质、茶多酚
	扶芳牌扶芳茶	绿茶、何首乌、积雪草、山楂、茯苓、决明子、荷叶、橘皮	黄酮类物质、茶多酚

参考文献

曹玉翠，徐英，宋玉鹏，等，2019.山楂新品系甜红子性状及栽培技术[J]. 落叶果树，51（1）：40-42.

曹震，张仁，1983.辽红山楂[J].中国果树（1）：22-23.

陈仁山，蒋淼，陈思敏，等，2012.药物出产辨（十一）[J].中药与临床，3（1）：64-65.

成冬冬，迟玉洁，甄晨瑞，等，2021.山楂酒的研究现状及前景分析[J].食品科技，46（10）：59-63.

崔金鑫，2016.山楂杂交后代性状变异调查[D].秦皇岛：河北科技师范学院.

崔金鑫，李月梅，张蕊婧，等，2016，利用流式细胞仪鉴定山楂种质资源的倍性[J].北方园艺，352（1）：84-86.

崔梅，彭祥锋，廉士东，等，2022.山楂炭疽病的发生规律及综合防控技术[J].果农之友（4）：51-52，55.

代红艳，郭修武，何平，等，2012.山楂胚离体培养及四倍体诱导研究[J].果树学报，29（1）：71-74，159.

代红艳，张志宏，周传生，等，2007.山楂ISSR分析体系的建立和优化[J].果树学报（3）：313-318.

董嘉琪，陈金鹏，龚苏晓，等，2021.山楂的化学成分、药理作用及质量标志物（Q-Marker）预测[J].中草药，52（9）：2801-2818.

董宁光，王燕，郑书旗，等，2022.我国山楂产业现状与发展建议[J].中国果树（10）：87-91.

董文轩，2015.中国果树科学与实践·山楂[M].西安：陕西科学技术出版社.

冯海霞，郭尚敬，孟庆杰，等，2009.不同山楂种亲缘关系的RAPD分析[J].果树学报，26（5）：729-732.

冯玉增，李永成，2010.山楂病虫害诊治原色图谱[M].北京：科学技术文献出版社.

高书燕，董文轩，梁敏，2011. 辽宁省山楂资源微核心种质的构建方法和评价[J]. 中国果树，151（5）：14-20.

耿金川，金铁娟，高剑利，等，2015. 山楂优良新品种雾灵红的选育[J]. 中国果树（2）：5-7，85.

郭太君，丰宝田，焦培娟，等，1991. 利用过氧化物同工酶酶谱对山楂分类及亲缘关系的探讨[J]. 特产研究（3）：15-18.

郭太君，丰宝田，孙宪忠，1989. 我国北方山楂染色体数目研究[J]. 特产研究（3）：14-15.

韩晓颖，梁英海，王亚军，等，2009. 基于ISSR标记的伏山楂起源及分类地位研究[J]. 吉林农业大学学报，31（2）：164-167.

姜英林，董文轩，2009. 山楂种质资源的表型多样性研究[J]. 北方果树（1）：8-10.

金世元，2012. 金世元中药材传统鉴别经验[M]. 第2版. 北京：中国中医药出版社.

李雅志，顾曼如，曲桂敏，等，1993. 山楂（*Crataegus pinnatifida* Bge.）辐射诱发突变的研究[J]. 核农学报（1）：9-15.

李永泽，闫安泉，2000. 高糖低酸鲜食山楂新品种"辐早甜"的培育[J]. 山西果树（2）：7-8.

李月梅，2011. 山楂品种杂交亲和性研究[D]. 秦皇岛：河北科技师范学院.

李长双，1993. 山楂珍稀资源——兴隆紫肉[J]. 河北果树（2）：24-25.

李作轩，张育明，周传生，2000. 山楂资源圃的建立与山楂种质资源研究概况[J]. 北方果树（6）：4-6.

刘学海，聂宗省，李占芹，等，2021. 黄色山楂新品种金如意的选育[J]. 果树学报，38（5）：839-841.

刘雪平，赵莉，王靖，等，2024. 山楂加工及综合开发利用研究进展[J]. 保鲜与加工，24（1）：83-89.

吕立铭，彭崇胜，李晓波，2022. 山楂核化学成分、药理作用及应用研究进展[J]. 沈阳药科大学学报，39（12）：1521-1532.

马苏力娅，2019. 我国山楂品种资源遗传多样性和新品种保护研究[D]. 北京：北京林业大学.

孟庆杰，黄勇，王光全，等，2010. 山楂新品种'沂蒙红'[J]. 园艺学报，37（7）：1189-1190.

孟庆杰，王光全，2000. 高维鲜食山楂新品种——辐毛红的培育研究[J]. 河北林业科技（5）：12-13.

孟庆杰，王光全，黄勇，等，2013. 山楂优质新品种蒙山红的选育[J]. 中国果树（6）：4-6，85.

潘玉霞，周传生，智军海，等，2008. 山楂品种杂交规律的初步研究[C]//2008园艺学进展（第八辑）——中国园艺学会第八届青年学术讨论会暨现代园艺论坛论文集：283.

蒲富慎，林盛华，张德学，1987. 我国山楂一些种和品种的染色体数目观察[J]. 中国果树（2）：17-19，2.

冉昆，李美娥，李新民，等，2022a. 山楂花腐病的发生与综合防治[J]. 果农之友（9）：74-75.

冉昆，王宝广，王宏伟，等，2022. 我国山楂地理标志保护现状与发展对策[J]. 中国南方果树，51（6）：247-251，256.

冉昆，王小阳，刘宪华，等，2022b. 山楂锈病的发生特点及综合防治[J]. 果农之友（7）：64-65.

冉昆，王忠英，李殿运，等，2022c. 鲁中南地区山楂白粉病的发生与综合防治[J]. 果树资源学报，3（4）：46-47，54.

冉昆，张雪飞，夏爱青，等，2023. 山楂白纹羽病的诊断与综合防控[J]. 果树资源学报，4（2）：62-64.

邵泽龙，英有文，郑晓云，2022. 山楂日灼病的发生与综合防治[J]. 果农之友（9）：76-77.

宋文芹，李秀兰，陈瑞阳，等，1985. 我国部分山楂属植物染色体数目的研究[J]. 园艺学报（2）：73-76.

谭茵茵，董文轩，王玉霞，等，2010. 不同倍性山楂资源的胚胎发育特性研究[J]. 中国农学通报，26（13）：36-40.

唐仁敬，1992. ^{60}Co-γ辐照山楂枝芽诱变初报[J]. 北方果树（4）：11-13.

王宝广，邵泽龙，姬学俊，2021. 行间生草对山楂园土壤养分、酶活性及微生物的影响[J]. 果树资源学报，2（4）：21-24.

王光全，孟庆杰，1991. 大果优质山楂良种'歪把红'[J]. 中国农学通报（3）：39.

王光全，孟庆杰，汪宝梅，1997. 山楂新品种五棱红选育研究[J]. 中国农学通报（6）：41，54.

王宁宁，2021. '山东大绵球'×'秋金星'山楂杂交后代果实性状分析[D]. 秦皇岛：河北科技师范学院.

王跃进，杨晓盆，2017. 果树修剪学[M]. 北京：中国农业出版社.

魏树伟，王少敏，董冉，等，2021. 山东省山楂产业现状、存在问题及对策[J]. 北方果树（4）：53-54.

魏树伟，吴举彬，孔庆芳，等，2022. 沈农伏山楂1号在山东泰安的引种表现及栽培技术[J]. 落叶果树，54（1）：46-48.

吴菲菲，张志宏，代红艳，等，2008. 利用cpDNA PCR-RFLP分析中国山楂属植物的亲缘关系[J]. 沈阳农业大学学报，39（6）：664-668.

吴静妍，葛新新，李海英，等，2022. 观赏性山楂资源组织培养快繁体系建立. 分子植物育种，20（17）：5763-5770.

吴君贤，徐睿，尹旻臻，等，2021. 山楂果实转录组分析及三萜合成关键酶基因SQE的克隆与生信分析[J]. 药学学报，56（12）：3313-3324.

辛孝贵，1991. 我国山楂属和山楂栽培品种染色体数目的研究[J]. 沈阳农业大学学报（1）：27-35.

许洪波，唐志书，刘澳昕，等，2018. 山楂核化学成分与药理活性研究进展[J]. 中成药，40（3）：674-680.

阎安泉，王增贵，李永泽，1991. 山楂辐射诱变的研究[J]. 核农学报（1）：15-17.

杨明霞，崔克强，赵士粤，等，2020. 山楂新品种'晋甜红'的选育[J]. 中国果树（4）：69-70，75，141.

杨明霞，杨萍，任瑞，等，2018. 山楂的生殖生物学和杂交育种研究进展[J]. 中国农学通报，34（36）：70-74.

杨青，孟庆杰，王建，等，2016. 山楂红肉优质新品种'辐泉红'的选育[J]. 中国果树（1）：69-71.

杨玉梅，范永信，张仁，1984. 山楂种胚辐射诱变试管苗高接成功[J]. 特产科学实验（3）：55-56.

张大宝，陈振艺，吴施国，等，2023. 山楂的本草考证[J]. 云南民族大学学报（自然科学版），32（4）：459-472.

张德民，王洪庆，1991. ^{60}Co-r射线对山楂试管苗辐射效应[J]. 北方园艺（2）：12-14.

张烘维，2019. 山楂杂交后代果皮颜色变异规律初步研究[D]. 秦皇岛：河北科技师范学院.

张吉军，李月梅，潘玉霞，2012. 利用S-RNase基因序列研究山楂品种间的杂交亲和性[J]. 林业实用技术（11）：20-22.

张茂君，1991. 利用同工酶鉴别山楂野生种亲缘演化关系研究[J]. 北方园艺（8）：9-11.

张枭，杜潇，孙馨宇，等，2021. 利用SSR标记构建部分山楂资源的基因身份证[J]. 沈阳农业大学学报，52（2）：153-159.

张育明，辛孝贵，1996. 山楂资源性状鉴定评价和优异种质筛选的研究[J]. 沈阳农业大学学报（1）：60-64.

张育明，辛孝贵，王巨，1986. 中国山楂属植物染色体数目和同工酶的研究[J]. 中国农业科学（3）：37-44，99.

赵焕谆，丰宝田，1996. 中国果树志·山楂卷[M]. 北京：中国林业出版社.

赵一迪，2020. 山楂叶片黄酮含量生长季的动态变化及关键时期QTL定位分析[D]. 沈阳：沈阳农业大学.

赵玉辉，王岗，苏凯，等，2014a. 山楂种质资源遗传多样性的SRAP分析[J]. 分子植物育种，12（6）：1281-1287.

赵玉辉，王岗，苏凯，等，2014b. 山楂种质资源种核性状与果实性状的相关性研究[J]. 北方园艺（19）：1-4.

赵玉辉，王岗，苏凯，等，2014c. 山楂属（*Crataegus* spp.）种质资源叶片总黄酮遗传多样性分析[J]. 北方园艺（24）：88-92.

赵玉亮，耿金川，任建武，等，2020. 大果野山楂新品种——'雾灵野果'的选育[J]. 林业科技通讯（11）：88-90.

赵玉亮，金铁娟，梁义春，等，2016. 晚熟红肉山楂优良品种——'雾灵紫肉'的选育[J]. 河北林业科技（2）：17-19.

DAI H, HAN G, YAN Y, et al., 2013. Transcript assembly and quantification by RNA-Seq reveals differentially expressed genes between soft-endocarp and hard-endocarp hawthorns[J]. PLoS ONE, 8（9）: e72910.

DU X, ZHANG X, BU H, et al., 2019. Molecular analysis of evolution and origins of cultivated Hawthorn (*Crataegus* spp.) and related species in China[J]. Frontiers in Plant Science, 10: 443.

HE S L, XIE J, YANG Y, et al., 2020. Chloroplast genome for *Crataegus pinnatifida* (Rosaceae) and phylogenetic analyses with its coordinal species[J]. Mitochondrial DNA B Resources, 5（3）: 2097-2098.

HU G, WANG Y, WANG Y, et al., 2021. New insight into the phylogeny and taxonomy of cultivated and related species of *Crataegus* in China, based on complete chloroplast genome sequencing[J]. Horticulturae, 7: 301.

HU G, ZHENG S, PAN Q, et al., 2021. The complete chloroplast genome of *Crataegus hupehensis* Sarg.(Rosaceae), a medicinal and edible plant in China[J]. Mitochondrial DNA B Resources, 6（2）: 315-317.

JI W, ZHAO W, LIU R C, et al., 2019. De novo assembly and transcriptome analysis of differentially expressed genes relevant to variegation in hawthorn flowers[J]. Plant Biotechnology Reports, 13（6）: 579-590.

MA S, DONG W, LYU T, et al., 2019. An RNA sequencing transcriptome analysis and development of EST-SSR markers in Chinese hawthorn through Illumina sequencing[J]. Forests, 10（2）: 82.

SU K, GUO Y S, WANG G, et al., 2015. Genetic diversity analysis of fruit characteristics of hawthorn germplasm[J]. Genetics and Molecular Research 14（4）: 16012-16017.

WU L, CUI Y, WANG Q, et al., 2021. Identification and phylogenetic analysis of five *Crataegus* species (Rosaceac) based on complete chloroplast genomes[J]. Planta, 254（1）: 14.

XU J, ZHAO Y, ZHANG X, et al., 2016. Transcriptome analysis and ultrastructure observation reveal that hawthorn fruit softening is due to Cellulose/Hemicellulose degradation[J]. Frontiers in Plant Science, 7: 1524.

YANG M X, DONG Z G, CAO Q F, et al., 2015. Transcriptomics analysis of Chinese hawthorn (*Crataegus pinnatifida*) provides insights into the biosynthesis of polyphenolic compounds[J]. Plant Omics, 8(2): 89-95.

ZHANG X, WANG Y, WANG M, et al., 2020. The complete chloroplast genome of the *Crataegus kansuensis* (Rosaceae): characterization and phylogeny[J]. Mitochondrial DNA B Resources, 5(3): 2920-2921.

ZHAO Y, SU K, WANG G, et al., 2017. High-density genetic linkage map construction and quantitative trait locus mapping for Hawthorn (*Crataegus pinnatifida* Bunge)[J]. Scientific Reports, 7(1): 5492.

ZHENG S, SONG H, DONG N, 2021. The complete chloroplast genome of *Crataegus brettschneideri* Schneid.(Rosaceae)[J]. Mitochondrial DNA B Resources, 6(12): 3322-3324.

附录　山楂园周年管理工作历

时期	物候期	主要技术措施
11月下旬至第二年3月	休眠期	①冬季修剪，弱树宜早，同时剪除病虫枝、刮树皮。 ②封冻前、解冻后翻树盘，特别是早春顶凌翻树盘，消灭食心虫、桃蛀螟等越冬害虫。 ③花芽萌动前全树涂波尔多液，或全树喷施石硫合剂。
4月上中旬	萌芽期	①定植和补植幼树，除萌蘖，拉枝整形。 ②追施复合肥，在树冠下4个方向挖横向或放射状浅沟，深10~20cm。随施随埋，施后及时灌水。 ③萌芽期喷施高效氯氰菊酯，用于防治蚜虫、桃蛀螟。
5月上中旬	展叶期	①花前复剪，结果母枝与营养枝保持1∶2或1∶3的比例，果枝间距一般不小于12cm。 ②喷施吡唑醚菌酯、苯醚甲环唑或三唑酮等防治锈病、白粉病。
5月下旬至6月上旬	开花期	①保花保果。幼树花期喷施1次30~50mg/kg赤霉素加0.2%的硼砂；成龄树在幼果期喷施1次赤霉素，花期不喷。 ②对新移植树和树势较弱树疏花。 ③及时浇水，防止日灼。 ④人工捕杀金龟子、介壳虫等害虫。5—6月，雨前及时喷多菌灵、吡唑醚菌酯，防治白粉病。
6月中旬至8月上旬	果实发育期	①喷施0.2%的磷酸二氢钾加0.3%的尿素，每半个月1次。 ②果树生长期内利用性激素预测食心虫，当卵果率达到1%~2%时使用氯虫苯甲酰胺、啶虫脒、高效氯氰菊酯防治食心虫、蚜虫。 ③7月中旬芽接，解除春季嫁接口的绑缚物，及时进行中耕除草。
8月中旬至9月	果实膨大期	①嫁接树除萌、摘心，雨季前维修水土保持工程，松土除草，压绿肥。 ②追肥以氮肥为主，喷施0.3%的尿素加0.2%的磷酸二氢钾，以提高花芽分化，增加单果重。 ③夏剪。抹除由隐芽萌发的过密新梢，留下的新梢留20~50cm摘心或短截。

（续表）

时期	物候期	主要技术措施
10月上旬至下旬	果实成熟期	果实采收，采收时人工采摘，质量好，且耐贮藏。
10月下旬至11月上旬	落叶期	①采收后立即施基肥，以增加树体营养贮备，同时进行果园深翻。 ②寒冷地区幼树培土防寒、树干涂白。 ③彻底清理果园落叶。